知味

寻味历史

食在唐朝

王旭 编著

北方联合出版传媒(集团)股份有限公司
万卷出版公司

Ⓒ 王旭 2021

图书在版编目（CIP）数据

食在唐朝 / 王旭编著. —沈阳：万卷出版公司，
2021.1（2022.11重印）
　（寻味历史）
　ISBN 978-7-5470-5519-9

　Ⅰ.①食… Ⅱ.①王… Ⅲ.①饮食—文化史—中国—
唐代②中国历史—唐代—通俗读物 Ⅳ.①TS971
②K242.09

　　中国版本图书馆CIP数据核字（2020）第210419号

出 品 人：王维良
出版发行：北方联合出版传媒（集团）股份有限公司
　　　　　万卷出版公司
　　　　　（地址：沈阳市和平区十一纬路25号　邮编：110003）
印 刷 者：辽宁新华印务有限公司
经 销 者：全国新华书店
幅面尺寸：145mm×210mm
字　　数：190千字
印　　张：9.5
出版时间：2021年1月第1版
印刷时间：2022年11月第4次印刷
责任编辑：张洋洋
责任校对：高　辉
装帧设计：马婧莎
ISBN 978-7-5470-5519-9
定　　价：39.80元
联系电话：024-23284090
传　　真：024-23284448

目录

皇族与权贵的饕餮盛宴

大唐皇族的珍馐美味

"烧尾宴"让皇帝回味三天

"烧尾宴"是曾在唐朝都城长安盛行一时的特殊宴会，只有士人成功当官，或是官员升迁时才会举办，用来宴请前来祝贺的亲朋与同僚。"烧尾"一词，一般认为是因为传说中鲤鱼跃龙门后，被天火烧掉鱼尾，才能变为真龙，因此用烧尾喻指官员飞黄腾达。"烧尾宴"在唐中宗时期盛行一时，不过后来在唐玄宗时期因为过于奢靡而被禁止。《旧唐书·苏瓌传》记载，苏瓌官拜尚书仆射却没有照例举行"烧尾宴"，有人为此告诉了皇帝。皇帝询问此事，苏瓌上奏指出如今粮食很贵，百姓生活困苦，不得不忍饥挨饿，他认为这是自己的失职，因此不敢举行"烧尾宴"。皇帝认为很有道理，于是下令禁止"烧尾宴"。

"烧尾宴"以奢靡著称，而最为奢靡的"烧尾宴"的食谱就在下面的这篇文章里，记录的是韦巨源升任尚书左仆射后，宴请唐中宗的"烧尾宴"的菜单。据说唐中宗吃完后，三天都在回味这顿美餐。

这份食单包含了近六十道唐代菜肴，食材极为丰富多样，山珍海味无所不有，而且不但有中华传统美食，还有从天竺等地传入的外来食物，可以看出大唐的开放与万国来朝的盛世景象。同时，很多菜肴在今天依旧是餐桌上的常客，可以从中管窥中华美食的发展传承脉络。

此外，通过这份食单，我们还可以管窥唐代的饮食文化，如曼陀样夹饼、生进二十四气馄饨、同心生结脯等菜肴都具有丰富的文化寓意。

韦巨源拜尚书令①，上烧尾食。其家故书中尚有食账，今择奇异者略记：

单笼金乳酥（是饼，但用独隔通笼，欲气隔）②，曼陀样夹饼（公厅炉）③，巨胜奴（酥蜜寒具）④，婆罗门轻高面（笼蒸）⑤，贵妃红（加味红酥）⑥，七返膏（七卷作圆花，恐是糕子）⑦，金铃炙（酥搅印脂取真）⑧。

【注释】

①韦巨源（631—710）：北周大司空韦孝宽玄孙，唐中宗时拜相。尚书令：尚书省的最高长官。唐代时保留尚书令一职，但几乎从不实际任命，韦巨源其实是出任尚书左仆射，这里是

作者误记。

②单笼金乳酥（是饼，但用独隔通笼，欲气隔）：牛奶加热煮沸后，加入醋或卤水，使其凝固，然后沥干水分并压实，每块金乳酥放入单独的笼屉里蒸熟，色泽金黄。

③曼陀样夹饼（公厅炉）：形状如曼陀罗花的夹心烤饼。公厅炉，应为烤饼用的器具，具体样式及特点不详。

④巨胜奴（酥蜜寒具）：用蜂蜜、酥油和面制作的油炸点心，撒上芝麻食用，特点是松脆爽口。

⑤婆罗门轻高面（笼蒸）：从天竺传入中国的一种蒸制面食，具体不详，一般认为是类似发糕或馒头的食品。

⑥贵妃红（加味红酥）：拥有多种口味的红色酥皮点心。

⑦七返膏（七卷作圆花，恐是糕子）：一种形状复杂的糕点，制作时七次折卷。

⑧金铃炙（酥搅印脂取真）：加入鸡蛋和酥油和面，炸成金黄色的铃铛形的点心。

御黄王母饭（偏缕印脂盖饭面，装杂味）①，通花软牛肠（胎用羊膏髓）②，光明虾炙（生虾则可用）③，生进二十四气馄饨（花形馅料各异，凡二十四种生进）④，鸭花汤饼（厨典入内下汤）⑤，同心生结脯（先结后风干）⑥，见风消（油浴饼）⑦，金银夹花（平截剔蟹细碎卷）⑧，火焰盏口𨡙（上言花，下言体）⑨，冷蟾儿羹（冷蛤蜊）⑩。

【注释】

①御黄王母饭（偏缕印脂盖饭面，装杂味）：鸡蛋肉丝盖饭，加入一些调味菜。偏缕：肉丝。印脂：鸡蛋。

②通花软牛肠（胎用羊膏髓）：将羊羔骨头里的鲜嫩骨髓取出，加入其他的作料与配菜，塞进牛肠烹调而成，口感筋道而且香味扑鼻。

③光明虾炙（生虾则可用）：烤大虾。要求虾新鲜而且身体透亮。

④生进二十四气馄饨（花形馅料各异，凡二十四种生进）：取二十四节气的寓意，制作外形、馅儿料都完全不同的二十四种馄饨。

⑤鸭花汤饼（厨典入内下汤）：将面揉到拇指般粗细，以敏捷的手法迅速做成薄片下锅，用鸭汤烹煮。这种食物的做法具有较强的观赏性，因此特意让厨师登堂表演，现做现尝。

⑥同心生结脯（先结后风干）：将生肉片做成长肉条，打上同心结，风干成肉脯。

⑦见风消（油浴饼）：见风消是一种植物，这里应该是把油酥饼做成见风消的形状。也有人认为是形容这种酥饼非常酥脆，只要风一吹就碎了。

⑧金银夹花（平截剔蟹细碎卷）：加入蟹黄、蟹肉的面卷。

⑨火焰盏口䭔（上言花，下言体）：类似今天吃的麻球，用糯米、芝麻、豆沙等做成的油炸食品。

⑩冷蟾儿羹（冷蛤蜊）：蛤蜊羹。

　　唐安餤（关花）^①，水晶龙凤糕（枣米蒸破，见花乃进）^②，双拌方破饼（饼料花角）^③，玉露团（雕酥）^④，汉宫棋（钱能印花煮）^⑤，长生粥（进料）^⑥，天花饆饠（九炼香）^⑦，赐绯含香（粽子蜜淋）^⑧，甜雪（蜜爁太例面）^⑨，八方寒食（用木范）^⑩。

【注释】

　　①唐安餤（关花）：指唐安县的一种特产小吃。具体不详。

　　②水晶龙凤糕（枣米蒸破，见花乃进）：糯米粉枣糕。必须用当年新产的糯米，上屉蒸到枣糕自然破裂成花才算好。

　　③双拌方破饼（饼料花角）：两种原料混合在一起制成的花形面饼。

　　④玉露团（雕酥）：奶酥雕花点心。

　　⑤汉宫棋（钱能印花煮）：铜钱大小、棋子形状的印花煮制糕点。

　　⑥长生粥（进料）：加入外国进贡的珍稀食材做成的粥。

　　⑦天花饆饠（九炼香）：天花指天花蕈，一种味道鲜美的野生蘑菇。饆饠：是唐代非常流行的食品，类似今天的比萨。九炼香：指这种食物经过多次的烘焙和加工。

　　⑧赐绯含香（粽子蜜淋）：裹着特殊香料与馅儿料的红颜色粽子，吃的时候要浇上蜂蜜。

　　⑨甜雪（蜜爁太例面）：加入蜂蜜烘烤的酥脆甜饼，如雪一

般入口即化。

⑩八方寒食（用木范）：用木质模子制作的多边形糕点。

素蒸音声部（面蒸像蓬莱仙人，凡七十字）^①，白龙臛（治鳜肉）^②，金粟（平椎鱼子）^③，凤凰胎（杂治鱼白）^④，羊皮花丝（长及尺）^⑤，逡巡酱（鱼羊体）^⑥，乳酿鱼（完进）^⑦，丁子香淋脍（醋别）^⑧，葱醋鸡（入笼）^⑨，吴兴连带鲊（不发缸）^⑩。

【注释】

①素蒸音声部（面蒸像蓬莱仙人，凡七十字）：将水果、蔬菜雕刻成乐师的样子，上锅蒸熟。音声部：乐师。

②白龙臛（治鳜肉）：鳜鱼羹。

③金粟（平椎鱼子）：将鱼子打成肉泥，捏成栗子大小，下锅炸成金黄色。

④凤凰胎（杂治鱼白）：鱼白是鱼的精巢，杂治应该是指在鱼白当中塞入其他食材共同烹调。

⑤羊皮花丝（长及尺）：将羊肚儿切成一尺多长的细丝。

⑥逡巡酱（鱼羊体）：将鱼肉与羊肉打成肉泥，调和在一起制成的肉酱。也有人断句为"逡巡（酱鱼羊体）"，认为是将涂抹好酱料的鱼放进羊的身体里，一起烧烤。

⑦乳酿鱼（完进）：将乳酪塞进整条鱼的肚子里，进行红烧。

⑧丁子香淋脍（醋别）：丁香油凉拌鱼羹或肉羹，蘸醋吃。醋别：也有部分版本写作腊别，即腊肉，应为鱼羹与腊肉混合。

⑨葱醋鸡（入笼）：做法不详，但《朝野佥载》中记载了一道很残忍的菜，也许与之类似：易之为大铁笼，置鹅鸭于其内，当中取起炭火，铜盆贮五味汁，鹅鸭绕火走，渴即饮汁，火炙痛即回，表里皆熟，毛落尽，肉赤烘烘乃死。

⑩吴兴连带鲊（不发缸）：吴兴是地名，鲊是吴兴当地的名菜。鲊是用盐或酒曲腌制的猪肉或鱼肉经发酵后，切碎，拌上熟米粉、熟面粉食用。

西江料（蒸龅肩屑）①，红羊枝杖蹄（上裁一羊得四事）②，升平炙（治羊鹿舌拌三百数）③，八仙盘（剔鹅作八副）④，雪婴儿（治蛙豆荚贴）⑤，仙人脔（乳沦鸡）⑥，小天酥（鹿鸡掺拌）⑦，分装蒸腊（熊存白）⑧，卵羹（纯兔）⑨，青凉臛（碎封狸肉夹脂）⑩。

【注释】

①西江料（蒸龅肩屑）：西江是珠江的支流，西江料是指西江流域的特色菜。应该是用当地的猪蹄髈肉做成肉丸蒸熟。

②红羊枝杖蹄（上裁一羊得四事）：类似烤全羊。

③升平炙（治羊鹿舌拌三百数）：烤羊舌与烤鹿舌三百条。根据史料，唐代吃鹿非常普遍。这道菜也可以看出当时上流社会的奢靡。

④八仙盘（剔鹅作八副）：全鹅剔骨后，分八份装入拼盘。

⑤雪婴儿（治蛙豆荚贴）：将青蛙去皮剔骨，裹上豆粉油炸，外表雪白粉嫩，犹如婴儿。

⑥仙人脔（乳沦鸡）：奶炖鸡块。

⑦小天酥（鹿鸡糁拌）：加入鸡肉末、鹿肉末及奶的粥。

⑧分装蒸腊（熊存白）：冬眠时的熊的背部会囤积很多脂肪，称为熊白，将熊白腌制并熏烤，这样便于保存，食用时蒸熟。

⑨卵羹（纯兔）：兔肉羹。

⑩青凉臛（碎封狸肉夹脂）：果子狸肉做成肉羹，冷却后凝成的肉冻。

筋头春（炙活鹑子）[1]，暖寒花酿驴（蒸耿烂）[2]，水炼犊炙（尽火力）[3]，五生盘（羊、豕、牛、熊、鹿并细治）[4]，格食（羊肉肠脏缠豆荚各别）[5]，过门香（薄治群物入沸油烹）[6]，缠花云梦肉（卷镇）[7]，红罗钉（臀血）[8]，遍地锦装鳖（羊脂鸭卵脂副）[9]，蕃体间缕（宝相肝盘七升）[10]，汤浴绣丸肉（糜治隐卵花）[11]。

【注释】

①筋头春（炙活鹑子）：较小块的煎或烤的鹌鹑肉丁。

②暖寒花酿驴（蒸耿烂）：绍兴花雕酒蒸驴肉，要求蒸很久，将肉彻底蒸烂。

③水炼犊炙（尽火力）：清炖牛犊，要求火候要足。

④五生盘（羊、豕、牛、熊、鹿并细治）：取羊、猪、牛、熊、鹿生肉切片并摆成花色拼盘。

⑤格食（羊肉肠脏缠豆荚各别）：全羊切碎糊豆粉进行煎烤。

⑥过门香（薄治群物入沸油烹）：各种精选食材，每种都取少量，入沸油煎炸。过门香形容这道菜香气浓郁，破门而出。

⑦缠花云梦肉（卷镇）：卷镇是一种从唐代传承至今的肉食制作方法。选取筋道的肉皮，包裹各种荤素食材。上面用重物压制成型，切薄片上桌。

⑧红罗钉（賮血）：脂肪块和血块的拼盘。

⑨遍地锦装鳖（羊脂鸭卵脂副）：羊油、鸭蛋黄烧甲鱼。

⑩蕃体间缕（宝相肝盘七升）：当时京城长安的一种名菜。以动物肝制作，上面镂刻花纹。

⑪汤浴绣丸肉（糜治隐卵花）：肉糜打入鸡蛋，做成丸子，浇汁。

烤全羊豪华升级版浑羊殁忽

烤羊一直是有名的美味，但对于唐朝的权贵来说，光是烤羊已经不能满足他们的胃口了，还要在烤羊的基础上进行进一步的创新，于是才有了这道名为"浑羊殁忽"的美食。浑羊就是一整只羊的意思，殁忽的含义不明，一说是宴席的意思，一说是由古代游牧民族的语言音译而来。虽说是烤羊，但只是借助羊肉的味道，只吃羊肚子里面的鹅肉，羊肉是被丢弃的，从这里也可以看出当时贵族的奢侈，还有对食材的复杂精细加工。

御厨进馔，凡器用有少府监进者^①。用九饤食^②，以牙盘九枚，装食味于其间。置上前，亦谓之看食。见京都人说，两军每行从进食，及其宴设，多食鸡鹅之类。就中爱食子鹅^③，鹅每只价值二三千。每有设宴，据人数取鹅。燖去毛^④，及去五脏，酿以肉及糯米饭，五味调和。先取羊一口，亦燖剥，去肠胃。置鹅于羊中，缝合炙之。羊肉若熟，便堪去却羊^⑤。取鹅浑食之，谓之"浑羊殁忽"。（《卢氏杂说》^⑥）

【注释】

①少府监：唐代的少府监主要负责监管手工艺人和手工艺技术。

②饤：这里指饤饾，摆设的多而杂的食品。

③子鹅：幼小的鹅。

④燖：用火烤。

⑤却羊：舍弃羊肉。

⑥《卢氏杂说》：唐代文人卢言写的笔记，记载了唐代宫廷、民间的各种传说故事、逸闻趣事等。

宫廷包子脆美不可言说

隋朝和唐朝，宫廷当中设有尚食局，专门负责为皇家提供饮食。尚食局当中的厨师都是当时身怀一技之长的顶级厨师，做出来的食物都非常美味，外界的人却难得享用，不过在有些时候，还是有机会一饱口福的。下面的故事出自《太平广记》，讲述了一个官员偶然间得到了尚食监的人为其做包子的机会，做出来的包子果然"其味脆美，不可名状"。

冯给事入中书祗候宰相①，见一老官人衣绯②，在中书门立，候通报。时夏疎公为相③，留坐论事多时。

及出，日势已晚，其官人犹尚在。乃遣人问是何官。官人近前相见曰："某新除尚食局令④，有事相见相公。"因令省官通之。官人入，给事偶未去。官人见宰相了，出谢云："若非给事恩遇，某无因得见相公。某是尚食局造包子手，不知给事宅在何处?"曰："在亲仁坊。"曰："欲说薄艺，但不知给事何日在宅?"曰："来日当奉候。然欲相访，要何物?"曰："要大台盘一只，木楔子三五十枚，及油铛、灰火⑤，好麻油一二斗，南枣、烂面少许⑥。"给事素精于饮馔，归宅便令排比。乃垂帘，家口同观之。

至日初出，果秉简而入。坐饮茶一瓯，便起出厅。脱衫靴带，小帽子，青半肩⑦，三幅袴，花檐袜肚⑧，锦臂沟⑨。遂四面看台盘，有不平处，以一楔填之，后其平正。然后取油铛、烂面等调停。袜肚中取出银盒一枚，银篦子、银笊篱各一。候油煎熟，于盒中取包子馅⑩。以手于烂面中团之，五指间各有面透出。以篦子刮郤，便置包子于铛中。候熟，以笊篱漉出。以新汲水中良久，郤投油铛中，三五沸取出。抛台盘上，旋转不定，以太圆故也。其味脆美，不可名状。

【注释】

①给事：即给事中，官职名。秦汉时期，无论什么官职，如加上给事中的头衔，即可出入宫廷，侍奉帝王左右。魏晋时期始为正官。唐宋时期，给事中是门下省的要职，属于谏官。也称"给谏""给事"。

②衣绯：穿绯红色的衣服。

③夏谯公：夏侯孜，字好学，唐宣宗时宰相，因为他是亳州谯人，封开国公，因此称为夏谯公。

④尚食局令：尚食局的官员。

⑤油铛：油锅。灰火：指代柴火。

⑥南枣：浙江出产的青枣。烂面：一般的面粉。

⑦青半肩：青色的半袖衣服。

⑧花襜袱肚：带有花纹的围裙和腰巾。

⑨锦臂沟：锦缎制成的套袖。

⑩包子馦：包子馅儿。

太子吃羊也得谨慎小心

虽然身为王公贵族，甚至是太子、宰相，也不能

恣意妄为，要时刻注意自己的言谈举止，绝对不能贻
人口实，就算是在吃饭的时候也应如此。唐代的文献
记载中，唐肃宗、唐顺宗、宇文士及这些显贵都曾在
吃饭时险些因为浪费食物而受到皇帝的责备，但都靠
自己的机智而化解，可见身处政治旋涡的人的艰难，
还有当时统治者对于爱惜食物的重视。

此外，这几个故事也可以看出当时宫廷中吃羊肉
和饼是常有的事，由此可以看出当时宫廷食物的特点。

相传云，德宗幸东宫，太子亲割羊脾^①，水泽手^②，因以饼
洁之。太子觉上色动，乃徐卷而食。司空赞皇公著《次柳氏旧
闻》^③，又云是肃宗^④。刘餗《传记》云^⑤："太宗使宇文士及割肉^⑥，
以饼拭手。上屡目之，士及伴不寤，徐卷而啖。"（《酉阳杂俎》^⑦）

【注释】

①太子：即唐顺宗李诵。

②水泽手：洗手。

③赞皇公：指唐朝宰相李德裕，封赞皇伯。

④肃宗：唐肃宗李亨。

⑤刘餗：唐代文人、史官，著有《史例》三卷、《传记》三卷、
《乐府古题解》一卷。

⑥宇文士及：唐朝宰相，隋朝左卫大将军宇文述之子。

⑦《酉阳杂俎》是唐代段成式创作的笔记小说集。所记有仙

佛鬼怪、人事以至动物、植物、酒食、寺庙等，分类编录，一部分内容属志怪传奇类，另一些记载各地与异域珍异之物。

　　肃宗为太子，常侍膳。尚食置熟俎①，有羊臂臑②。上顾太子③，使太子割。肃宗既割，余污漫刃，以饼洁之，上熟视不怿。肃宗徐举饼啖之，上大悦，谓太子曰："福当如是爱惜④。"（《次柳氏旧闻》⑤）

【注释】

　　①尚食：官名，负责掌管帝王膳食。熟俎：切熟肉的砧板。

　　②臑：指牲畜的前肢。

　　③上：皇上，这里指唐玄宗。

　　④福：原指祭神的酒肉，这里泛指各类食物。

　　⑤《次柳氏旧闻》：唐代大臣李德裕所撰笔记，共一卷。

宫廷端午必备粉团、角黍

　　很多节日总是与吃联系在一起，如果没有美食为伴，节日总是显得少了些什么。端午节作为中国自古的重要节日，自然也与美食联系在一起。除了粽子外，粉团也是唐代宫廷过端午时必不可少的食品。粉团是用糯米粉制成，外裹芝麻，放置在油中炸熟的食物，和我们今天吃的麻团很近似。五代十国时期的王仁裕在其著作《开元天宝遗事·射团》中有如下的记述，我们可以从中看出唐代的端午饮食特点与相关的游戏活动。

宫中每到端午节，造粉团、角黍①，贮于金盘中。以小角造弓子，纤妙可爱。架箭射盘中粉团，中者得食。

【注释】

①粉团：以糯米粉制成的外裹芝麻的油炸食品。角黍：即粽子，粽子以黍米制成，且棱角分明，故名。

消暑美味清风饭

唐代宫廷美食，不但食材考究多样，而且做法和吃法也极为丰富，《清异录》记载的清风饭就是其中的代表，是夏季消暑的佳品。

宝历元年①，内出清风饭制度，赐令造进。法用水晶饭②、龙睛粉③、龙脑末④、牛酪浆⑤，调事毕入金提缸，垂下冰池，待其冷透供进，惟大暑方作。

【注释】

①宝历元年：即 825 年。宝历是唐敬宗李湛年号。

②水晶饭：一种晶莹剔透的蒸米饭。

③龙睛：杨梅。

④龙脑：即冰片，龙脑科植物的树脂经加工而成。

⑤牛酪：用牛乳做成的半凝固的食品。

吃素也奢华的逍遥炙

古代由于生产力不发达，所以只有富贵人家才能经常吃肉，因此《左传》里有"肉食者鄙"的说法，用吃肉的人指代当权者。但有些当权者却因为一些特殊的原因只吃素，但权贵的奢华生活不会因吃素而改变，我们来看看唐朝的公主是如何吃素的。

睿宗闻金仙、玉真公主饮素①，日令以九龙食罍装逍遥炙赐之②。（《清异录》③）

【注释】

①睿宗：唐睿宗，名李旦，是唐高宗与武则天之子。金仙、玉真公主：指金仙公主与玉真公主，都是唐睿宗的女儿、唐玄宗的同母妹。两位公主笃信道教，因此长期吃素。

②九龙食罍：一种装饰有九龙图案的食盒。逍遥炙：具体食材与烹饪方法不详。

③《清异录》：于五代末年至北宋初成书，是著名古代文言琐事笔记，保存了中国文化史和社会史方面的很多重要史料。

同昌公主享用奢华美食

同昌公主（849—869），后封卫国文懿公主，是唐懿宗最宠爱的女儿，生活极尽奢华，吃穿用度都是天下最好的。同昌公主于咸通九年（868）出嫁，礼仪极盛，唐懿宗拿出皇宫中的所有珍宝作为嫁妆，还有大量的奢华美食。同昌公主的奢华在整个唐朝都堪称空前绝后。

下面这篇文章选自《太平广记》。本篇文章详细描写了同昌公主出嫁直到去世这段时间极尽奢华的生活，其中涉及消灵炙、红虬脯、凝露浆、桂花醅等一大批美味佳肴和美酒、香茗，代表着那个时代皇家美食的最高水平。

咸通九年，同昌公主出降^①。宅于广化里，赐钱五百万贯。更罄内库珍宝，以实其宅。而房栊户牖^②，无不以众宝饰之。更以金银为井栏、药臼、食柜、水槽、铛、釜、盆、瓮之属，缕金为笊篱、箕筥。制水晶、火齐^③、琉璃、玳瑁等为床^④，揹以金龟、银鹿。更琢五色玉为器皿什物，合百宝为圆案。赐金麦、银粟共数斛，此皆太宗朝条支国所献也^⑤。堂中设连珠之帐、却寒之帘、犀簟牙席、龙凤绣。连珠帐，续珍珠以成也。却寒帘，类玳瑁斑，有紫色，云却寒鸟骨之所为也。但未知出于何国。更有鹧鸪枕、翡翠匣、神丝绣被。其枕以七宝合为鹧鸪之斑⑥，其匣饰以翠羽。神丝绣被，三千鸳鸯，仍间以奇花异叶，精巧华丽，可得而知矣。其上缀以灵粟之珠如粟粒，五色辉焕。更有蠲忿犀⑦、如意玉：其犀圆如弹丸，入土不朽烂；带之，令人蠲忿怒。如意玉类枕头，上有七孔，云通明之象。更有瑟瑟幕，纹布巾、火蚕绵、九玉钗。其幕色如瑟瑟⑧，阔三尺，长一百尺，轻明虚薄，无以为比。向空张之，则疏朗之纹，如碧丝之贯其珠。虽大雨暴降，不能沾湿，云以蛟人瑞香膏所傅故也。纹布巾即手巾也，洁白如雪，光软绝伦，拭水不濡，用之弥年，亦未尝垢。二物称得鬼谷国。火蚕绵出火洲，絮衣一袭，止用一两，稍过度，则熇蒸之气不可奈。九玉钗上刻九鸾，皆九色，其上有字曰"玉儿"，精巧奇妙，殆非人制。有得于金陵者，因以献。公主酬之甚厚。一日昼寝，梦绛衣奴传语云："南齐潘淑妃取九鸾钗⑨。"及觉，具以梦中之言告于左右。公主薨，其钗亦不知其处。韦氏异其事，遂以实语诸门人。或曰："玉儿即潘妃小字。"逮诸珍异，不可具载。自汉唐公主出降之盛，未之有也。公主乘七宝步辇，四角缀五色锦香囊。囊中贮辟邪香瑞麟香金凤香，此皆异国献者。仍杂以龙脑金屑，镂水晶、玛瑙、辟尘犀为龙凤花木状。其上悉络珍珠、玳瑁，更以金丝为流苏，雕轻玉为浮动。每一出游，则芬香街巷，晶光耀日，观者眩其目。

【注释】

①出降：这里指帝王之女出嫁。同昌公主嫁给了起居郎韦保衡。

②房栊：窗棂。户牖：门窗。

③火齐：有着玫瑰色泽的宝石。

④玳瑁：是一种珍稀海龟，这里指将这种海龟的背甲打磨抛光后得到的具有珠宝光泽的器物。

⑤条支国：西域古国名，其地理位置有争议，一说认为位于地中海沿岸，另一说认为其位于两河流域。

⑥七宝：指七种珍宝，又称七珍，历朝所指不一，唐代七宝指黄金、白银、琉璃、颇梨（水晶）、美玉、赤珠、琥珀。

⑦蠲忿犀：一种用犀骨制成的饰品，相传佩戴可以使人消除愤恨。

⑧瑟瑟：一种绿色宝石。

⑨南齐潘淑妃：潘玉儿（？—501），也称潘玉奴，是南朝齐东昏侯萧宝卷的嫔妃，是当时最得宠的妃子，后被梁武帝萧衍杀死。

　　时有中贵人①，买酒于广化旗亭，忽相谓曰："坐来香气？何太异也？"同席曰："岂非龙脑乎②？"曰："非也。予幼给事于嫔妃宫，故此常闻此。未知今日何由而致。"因顾问当垆者③，云："公主步辇夫，以锦衣质酒于此。"中贵人共请视之，益叹异焉。上日赐御馔汤药，而道路之使相属。其馔有消灵炙④、红虬脯。其酒则有凝露浆、桂花醑。其茶则有绿花、紫英之号。灵消炙，一羊之肉，取四两，虽经暑毒，终不臭败。红虬脯，非虬也，但贮于盘中，缕健如红丝，高一尺，以筋抑之，无三四分，撤即复故。其诸品味，他人莫能识，而公主家人餐饫，如里中糠秕⑤。

【注释】

①中贵人：帝王所宠幸的近臣。

②龙脑：也叫龙脑香、冰片，由菊科艾纳香茎叶或樟科植物龙脑樟枝叶经蒸馏并重新结晶而成，是名贵药材和著名香料。

③当垆者：指卖酒的人。垆：放酒坛的土墩。

④消灵炙：据说这道菜以鹊舌为引，羊心尖肉为主料，经非常复杂的工艺加工，最后烤制而成，一只羊身上只能取四两肉。"消灵"指好吃得令人魂牵梦萦。

⑤而公主家人餐饫，如里中糠秕：指公主家里的人吃这些奇珍食品，犹如百姓家吃谷皮和瘪谷一样，丝毫不稀奇。

一日大会，韦氏之族于广化里，玉馔具陈。暑气将甚，公主命取澄水帛以蘸之，挂于南轩，满座皆思挟纩。澄水帛长八九尺，似布而细，明薄可鉴。云其中有龙涎，故能消暑也。韦氏诸宗好为叶子戏①，夜则公主以红琉璃盘，盛夜光珠，令僧祁捧于堂中，则光明如昼焉。公主始有疾，召术士米宾为禳法，乃以香蜡烛遗之。米氏之邻人，觉香气异常，或诣门诘其故，宾具以事对。出其烛，方二寸，长尺余，其上施五彩。爇之^②，竟夕不尽。郁烈之气，可闻于百步余。烟出于上，即成楼阁台殿之状。或云，烛中有蠺脂也。

公主疾既甚，医者欲难其药，奏云："得红蜜、白猿膏^③，食之可愈。"上令检内库，得红蜜数石，本兜离国所贡。白猿膏数瓮，本南海所献。虽日加药饵，终无其验，公主薨。上哀痛，遂自制挽歌词，令朝臣继和。反庭祭日，百司内官，皆用金玉饰车舆服玩，以焚于韦氏庭，韦家争取灰以择金宝。及葬于东郊，上与淑妃御延兴门。出内库金骆驼、凤凰、麒麟各高数尺，以为仪从。其衣服玩具，与人无异，每一物皆至一百二十舆。刻木为数殿，龙凤、花木、人畜之众者不可胜计。以绛罗绮绣，络以金珠瑟瑟，为帐幙者千队。其幢节伞盖，弥街翳日。旌旗珂佩卤簿，率多加等。敕紫尼及女道士为侍从引翼。焚升霄百灵之香，而击归天紫金之磬。繁华辉焕，殆将二十余里。上又赐酒一百斛，糕饼三十骆驼，各径阔二尺，饲役夫也。京城士庶罢业观者流汗相属，唯恐居后。及灵辆过延兴门，上与淑妃恸哭，中外闻者，无不伤痛。同日葬乳母，上更作《祭乳母文》。词质而意切，人多传诵。自后上日夕注心挂意。

李可及进《叹百年曲》^④，声词哀怨，听之莫不泪下。更教数十人作"叹百年队"。取内库珍宝雕成首饰，取绢八百匹画作鱼龙波浪文，以为地衣。每舞竟，珠翠满地。可及官历大将军，赏赐盈万。甚无状，左军容使西门季玄素颇耿直，乃谓可及曰："尔恣巧媚以惑天子，族无日矣。"可及恃宠，无有少改。可及善啭喉舌，于天子前，弄眼作头脑，连声着词，唱曲。须臾间，变态百数不休。

【注释】

①叶子戏：中国古代的纸牌游戏，被认为是扑克、麻将的鼻祖。

②爇：烧。

③红蜜、白猿膏：具体是何物已无法考证。

④李可及：唐懿宗时为宫廷伶官，通音律。为悼念同昌公主而编排大型歌舞《叹百年曲》，因此得到唐懿宗宠信。唐懿宗死后，唐僖宗继位，被流放到岭南，后病死。

皇帝落难享用消灾饼

就算是贵为皇帝，也难免有落难的时候，危难关头也就顾不上锦衣玉食了，有什么就吃什么。广明元年（880）十二月，黄巢率领起义军逼近京城长安，唐僖宗束手无策，只好学唐玄宗，南下进入蜀地躲避战乱。其间一度困苦，《清异录》记载幸蜀途中，僖宗饥饿，却缺少粮食，此时靠宫人和百姓的帮助，才做出了一些饼，被称为"消灾饼"。皇帝吃消灾饼充分说明了大唐王朝日薄西山的窘境。

僖宗幸蜀^①，乏食，有宫人出方巾所包面半升许，会村人献酒一偏提^②，用酒溲面^③，煿饼以进^④。嫔嫱泣奉曰^⑤："此消灾饼，乞强进半枚。"

【注释】

①僖宗：唐僖宗，名李儇。

②偏提：酒壶。

③用酒溲面：用酒和面。

④煿：烘烤。

⑤嫔嫱：宫中女官。

大唐皇帝吃得最差的饭

到了唐昭宗在位时，大唐建国已近300年，到了日薄西山、即将灭亡的境地。唐昭宗作为唐朝倒数第二位皇帝，即位之初也曾想励精图治，打击宦官与藩镇，试图重新恢复大唐荣光，但现实是残酷的，虽然打击宦官有了成果，但在镇压藩镇的军事行动中，唐昭宗接连失败，被凤翔、陇右节度使李茂贞劫持，后来又被几个军阀轮流劫持、软禁。到了天复元年（901），唐昭宗再次被李茂贞劫持到凤翔。军阀朱温为了打击李茂贞，同时为了把皇帝控制在自己手里，带兵进攻凤翔，双方激战数月，李茂贞损失惨重，城内缺乏粮草，甚至出现了吃人的现象。唐昭宗身为皇帝，虽然不至于挨饿，但也吃得很差，只能自己磨豆麦粥吃，营养不良到了全身无力的地步，可见大唐的衰败。不久，走投无路的李茂贞决定议和，杀尽城中宦官，并将唐昭宗交给朱温，4年后，大唐灭亡。

天复元年①，胤召梁太祖以西②，梁军至同州，全诲等惧③，与继筠劫昭宗幸凤翔④。梁军围之逾年，茂贞每战辄败，闭壁不敢出⑤。城中薪食俱尽，自冬涉春，雨雪不止，民冻饿死者日以千数。米斗直钱七千⑥……天子于宫中设小磨，遣宫人自屑豆麦以供御⑦，自后宫、诸王十六宅⑧，冻馁而死者日三四⑨。城中人相与邀遮茂贞，求路以为生。茂贞穷急，谋以天子与梁以为解。昭宗谓茂贞曰："朕与六宫皆一日食粥，一日食不托⑩，安能不与梁和乎？"三年正月，茂贞与梁约和，斩韩全诲等二十余人，传首梁军，梁围解。(《新五代史》)

【注释】

①天复元年：公元901年。天复：唐昭宗年号，901—904年。

②胤：崔胤，当时的宰相，与军阀朱温多次勾结。召：这里指崔胤与朱温勾结，准备杀尽宦官，解决宦官争权的问题。梁太祖：即朱温，又名朱全忠，后来篡唐自立为帝，建立后梁，

庙号太祖。

③全诲：韩全诲，当时极有权势的宦官，与凤翔节度使李茂贞关系密切，天复元年，韩全诲幽禁唐昭宗，并将其劫持至凤翔。天复三年，李茂贞杀韩全诲等所有宦官，与朱全忠和解。至此，几十年来困扰唐朝的宦官专权问题彻底解决。

④凤翔：在今陕西省宝鸡市，是军阀李茂贞的老巢。

⑤闭壁：关闭城门，只防守不出战。

⑥直：通"值"，价钱。

⑦屑豆麦：将豆类和麦子磨碎。供御：供皇帝食用。

⑧十六宅：唐朝中后期诸位宗室王爷共居的府邸，后来常用十六宅代指宗室诸王及其家属。

⑨冻馁：饥寒交迫。

⑩不托：即馎饦，面片汤。

王公贵族的奢侈美食

价值千金的驼蹄羹

驼蹄羹顾名思义就是用骆驼的蹄子制成的羹，是唐代著名的美味佳肴。相传驼蹄羹是三国时期著名才子曹植创造的美食，价值千金，所以又名"千金馔"。到了隋唐时期，更是贵族们钟爱的美食，唐玄宗和杨贵妃就曾品尝驼蹄羹。驼蹄羹已经成为众人熟知的权贵才能享用的美食。所以杜甫才有"劝客驼蹄羹，霜橙压香橘"的诗句借指贵族的奢华，随后紧跟千古名句"朱门酒肉臭，路有冻死骨"。

以下摘录两首涉及驼蹄羹的唐诗，第一首节选自杜甫的《自京赴奉先县咏怀五百字》，第二首是李贺的《感讽六首（其四）》，都是借驼蹄羹来讽刺权贵的奢华无度、无能与对百姓的压迫。

自京赴奉先县咏怀五百字（节选）

杜甫

多士盈朝廷，仁者宜战栗①。

况闻内金盘，尽在卫霍室②。

中堂舞神仙，烟雾散玉质③。

暖客貂鼠裘④，悲管逐清瑟。

劝客驼蹄羹⑤，霜橙压香橘⑥。

朱门酒肉臭⑦，路有冻死骨。

荣枯咫尺异，惆怅难再述。

【注释】

①多士盈朝廷，仁者宜战栗：朝臣众多，其中的仁者应怀畏惧之心尽力为国。

②内金盘：皇帝御用的金盘。卫霍：指汉代名将卫青、霍去病，均为外戚。这里借指杨贵妃的从兄、权臣杨国忠。

③中堂：指杨氏家族的厅堂。舞神仙：像神仙一样的美女在翩翩起舞。烟雾：形容美女所穿的如烟如雾的薄薄的纱衣。玉质：指美人的肌肤。

④貂鼠：指貂。古代认为貂是鼠类动物，故称。貂鼠裘是当时名贵的衣服，用于极写贵族生活豪华奢侈。

⑤驼蹄羹：用骆驼蹄做成的羹汤，是当时贵族才能享用的美味，据说价值千金。

⑥霜橙、香橘：包括前面提到的驼蹄，都是遥远的地方的特产，权贵们却可以享用到。

⑦臭：通"嗅"，指气味。

感讽六首（其四）

青门放弹去，马色连空郊。

何年帝家物，玉装鞍上摇。

去去走犬归，来来坐烹羔。

千金不了馔①，貉肉称盘臊②。

试问谁家子，乃老能佩刀。

西山白盖下，贤俊寒萧萧。

【注释】

①千金不了馔：即千金馔，驼蹄羹的别称。

②貉肉：即貉肉，古人认为貉肉细嫩鲜美、营养丰富、滋补身体，而且还可入药。

传奇宰相的烧梨与烤芋

唐朝的宰相众多，但要说其中最具传奇色彩的宰相，就要数李泌了。李泌自称隐士，却在玄宗、肃宗、代宗、德宗四朝为官，唐肃宗碰到疑难的问题，常常和他商量，称其为先生而不称其姓名。多次受到朝中权贵打压排挤，多次辞官归隐却能不断复出，在官场屹立不倒，内政外交都有极高的建树。而在民间传说中，更有极高的传奇色彩。下面的故事出自唐人袁郊的《甘泽谣》和唐人李繁的《邺侯家传》，后者明代《帝鉴图说》也有收录。除了传奇故事，里面也涉及唐朝的特色美味——烧梨、烤芋。

懒残者，唐天宝初衡岳寺执役僧也①。退食，即收所余而食，性懒而食残，故号懒残也。昼专一寺之工，夜止群牛之下②，曾无倦色，已二十年矣。时邺侯李泌寺中读书③，察懒残所为曰："非凡物也。"听其中宵梵唱④，响彻山林。李公情颇知音，能辨休戚。谓懒残经音凄婉而后喜悦，必谪堕之人⑤。时将去矣，候中夜，李公潜往谒焉，望席门通名而拜。懒残大诟，仰空而唾曰："是将贼我。"李公愈加敬谨，惟拜而已。懒残正拨牛粪火，出芋啗之。良久乃曰："可以席地。"取所啗芋之半以授焉，李公捧承，尽食而谢。谓李公曰："慎勿多言，领取十年宰相。"公又拜而退。（《甘泽谣》）

【注释】

①执役僧：干杂活的僧人。

②止：休息。

③邺侯李泌：李泌后封邺县侯。

④梵唱：诵经声。

⑤谪堕之人：天上的仙人被贬下凡。

　　肃宗召处士李泌于衡山①，至，舍之内庭。尝夜坐地炉，烧二梨以赐李泌，颖王恃宠固求②，上不许曰："汝饱食肉，先生绝粒③，何争耶？"时诸王请联句，颖王曰："先生年几许，颜色似童儿。"信王曰："夜枕九仙骨，朝披一品衣。"一王曰："不食千钟粟，惟餐两颗梨。"上曰："天生此间气④，助我化无为。"后肃宗恢复两京，泌之策为多。至德宗时拜相，时人方之张子房⑤。

（《邺侯家传》）

【注释】

　　①处士：有德才而隐居不愿做官的人。

　　②颖王：即颖川王李偡，唐肃宗李亨第六子，后改封兖王。

　　③绝粒：即道家的辟谷法，一段时期内不食五谷。

　　④间气：即闲气。古时以五行附会人事，正气为帝，闲气为臣。

　　⑤方：比作。张子房：西汉开国功臣张良。

白发变黑的神奇甘露羹

　　中国传统观念认为医食同源，好的食物能够帮助人们休养身体，有助健康，王公贵族自然更是对食补情有独钟。唐玄宗时著名奸臣李林甫，素以"口蜜腹剑"著称，却能为相近二十年，屹立不倒。不过很多人并不知道李林甫除了善于铲除异己外，对吃也很有研究。唐人郑处诲写的史料笔记《明皇杂录》中记载了李林甫与甘露羹的故事。

李林甫之子婿郑平①，鬓发斑白，上赐甘露羹②，食之，一夕鬓黑。

【注释】

①李林甫：唐玄宗时期大臣，为相十九年，是玄宗朝任期最长的宰相。当权后期大权独握，闭塞言路，排斥贤才，导致朝政混乱。子婿：女婿。郑平：任户部员外郎，李林甫死后被贬官。

②甘露羹：一种含有何首乌、鹿血、鹿筋等成分的羹汤。

宦官享用赤明香

肉脯是猪肉或牛肉经腌制、烘烤而成的片状肉制品。自古以来，肉脯就是人们喜爱的食物，而肉脯的做法千差万别，一些权贵之家尤其注重对肉制品的加工制作，于是产生了花样繁多的肉脯。五代末年文人陶穀撰写的《清异录·馔羞》中就记载了唐代著名宦官仇士良家里的一种美味肉脯。

赤明香，世传仇士良家脯名也^①，轻薄甘香，殷红浮脆，后世莫及。

【注释】

①仇士良：唐朝著名宦官，把持朝政二十余年，排斥异己，横行不法，先后杀死二王、一妃、四宰相，使皇帝犹如傀儡。

貌似平平无奇的无心炙

段成式是晚唐著名的诗人与小说家，是名臣段文昌之子，出身显贵，富有文才，还为后世留下了著名志怪小说集《酉阳杂俎》和多首优秀诗篇。段成式不但在《酉阳杂俎》中记录了很多的美食，而且在后世的《清异录》中，还记载了他吃过的美食"无心炙"。

段成式驰猎饥甚，叩村家主人。老姥出虀臛^①，五味不具^②，成式食之，有逾五鼎^③，曰："老姥初不加意^④，而殊美如此。"常令庖人具此品，因呼"无心炙"。

【注释】

①虀臛：猪肉羹。

②五味不具：不加调味品。

③五鼎：古代行祭礼时，大夫用五个鼎，分别盛羊、豕、肤（切好的肉）、鱼、腊五种供品。这里代指很高级的食物。

④不加意：没有在意。与后面的"无心"对应。

吃货宰相研究美食

　　唐代的一些达官显贵，不但喜欢吃各种美味佳肴，也喜欢自己研究美食的艺术，甚至为此撰写著作，段文昌就是其中的典型代表。

　　段文昌丞相尤精馔事①，邸中庖所榜曰"鍊珍堂"在涂号"行珍馆"。文昌自编《食经》五十章，时称"邹平公食宪章②"。

【注释】

　　①段文昌：唐穆宗时期宰相，是右卫大将军段志玄玄孙。馔事：准备或烹饪食物。

　　②邹平公：段文昌被封为邹平郡公。宪章：本义是指典章制度，这里指制作饮食的方法。

透花糍晶莹剔透

　　唐玄宗在位后期天下间最奢侈的权贵要数杨贵妃一家。杨家中，杨贵妃的三姐封虢国夫人，最喜奢侈，传世名画《虢国夫人游春图》中描绘的就是虢国夫人出游时的浩大场面。虢国夫人为自己新宅院的中堂粉刷墙壁，就花掉了二百万钱，足见其奢侈。而在饮食方面，虢国夫人府里的美味自然也有其特点，下面的这道美食就是当年虢国夫人享用过的。

吴兴米[①]，炊之甑香[②]；白马豆，食之齿醉。虢国夫人厨吏邓连以此米捣为透花粁[③]，以豆洗去皮作灵沙臛，以供翠鸳堂。（《云仙散录》[④]）

【注释】

①吴兴：今浙江省湖州市吴兴区，素有"稻米之乡"之称。

②甑：古代的蒸食用具，这里泛指各类炊具。

③透花粁：将白马豆沙捏成花形作为馅儿料，再用上好的吴兴糯米粉做成粁糕，半透明的粁糕包裹着豆沙，其中的花形馅儿料若隐若现，故名"透花粁"。

④《云仙散录》：又名《云仙杂记》，后唐人冯贽编，是一部记录异闻的古代小说集，内容主要是有关唐朝五代时的一些名士、隐者和乡绅、显贵等人士的趣闻逸事。

宫廷御厨带来缤纷菜肴

御膳房当中的各色菜肴总是让人心驰神往，但由于年代久远，唐代的宫廷菜肴究竟有哪些，往往难以知晓，但我们从相关的一些文献里还是能发现一鳞半爪，如下面的文献记载。

　　唐末有御厨庖人随中使至江表①，闻崔胤诛北司②，遂漂浮不归。留事吴，至烈祖受禅③，御膳宴饮皆赖之。有中朝之遗风。其食味有鹭鸶饼、天喜饼、驼蹄馂、云雾饼④。后主笃信佛法，于宫中建永慕宫，又于苑中建静德僧寺，钟山亦建精舍，御笔题为报慈道场。日供千僧，所费皆二宫玩用。(《江南余载》⑤)

【注释】

　　①中使：宫中派出的使者，多为宦官。

　　②崔胤诛北司：崔胤为唐昭宗宰相，和朱温杀尽宫中宦官。北司：即内侍省，官署名，皇帝的近侍机构，管理宫廷内部事务，宫中宦官多属内侍省。这里用北司代指宦官。

　　③烈祖：指南唐开国皇帝烈祖李昪。

　　④陆游撰写的《南唐书·杂艺列传》也记载了此事，并且菜谱中还有春分馂、蜜云饼、铛糟炙、珑璁馂、红头签、五色馄饨、子母馒头等。

　　⑤《江南余载》：宋人郑文宝编著的杂史，主要记录五代十国时期江南地区的一些历史。

宰相饮食皆含珍宝

    历史上的一些达官显贵总喜欢用极度奢侈的方法来彰显自己的身份与地位，下面的两个故事就是其中的典型，虽然未必都是真事，但这种奢侈浪费的现象是普遍存在的。

    文宗朝[①]，宰相王涯奢豪[②]。庭穿一井，金玉为栏，严其锁钥。天下宝玉、真珠[③]，悉投入中。汲其水，供涯所饮。未几犯法[④]，为大兵枭戮，赤其族。涯骨肉色并如金。(《独异志》[⑤])

【注释】

    ①文宗朝：唐文宗李昂(809—840)。

    ②王涯：唐代大臣、诗人，文宗时拜相，为政苛刻，导致民生困顿。

    ③真珠：即珍珠。

    ④犯法：唐文宗发动"甘露之变"企图诛灭宦官，失败，王涯作为参与者被禁军抓获，腰斩于子城西南隅独柳树下。

    ⑤《独异志》：唐人李亢撰写的一部笔涉历代、总括古今的关于奇闻逸事与志怪传说的小说集。

    武宗朝[①]，宰相李德裕奢侈[②]。每食一杯羹，其费约三万[③]。

为杂以珠玉、宝贝、雄黄、朱砂，煎汁为之。过三煎则弃其粗④。
（《独异志》）

【注释】

①武宗朝：唐武宗李炎（814—846）。

②李德裕（787—850）：字文饶，唐代政治家、文学家，历经宪宗、穆宗、敬宗、文宗四朝。

③三万：三万钱，在当时相当于中等人家的财产总额。

④粗：通"渣"，渣滓，指代前面提到的珠玉、宝贝、雄黄、朱砂等。

显贵也喜欢普通食物

虽然我们的印象里，达官显贵往往喜欢珍稀食物，但其实很多大官也喜欢比较平民化的食物，如馄头、馈饭等。

李德裕与同列款曲①。或有徵所好者②，德裕言："己喜见未闻新书策。"崔魏公铉好食新馄头③，以为珍美。从事开筵，先一日前，必到使院索新煮馄头也。杜邠公惊每早食馈饭、干脯④。崔侍中安潜好看斗牛。虽各有所美，而非近利。与夫牙筹金坲俗⑤，钱癖谷堆，不其远乎！（《北梦琐言》⑥）

【注释】

①同列：同僚。款曲：殷勤应酬。

②徵：询问。

③馓头：一种油炸的面食，以蜂蜜水或枣水和面，加入少量牛油或羊油，炸制而成的面食。

④馈饭：蒸熟的饭。干脯：肉干。

⑤牙筹：象牙或骨、角制的筹码。金埒：用钱币堆砌的墙壁。

⑥《北梦琐言》：是中国古代笔记小说集，宋人孙光宪撰。

杨贵妃兄妹奢侈无度

中国历代王朝外戚擅权都是一个很突出的问题，唐代也是如此，自武则天大权独揽以来，外戚擅权就一直是唐朝统治阶层当中的常见现象，外戚形成了一个特殊的既得利益集团，引起了朝廷内外的强烈不满，唐玄宗时期贵妃杨玉环的亲属杨国忠、虢国夫人等擅权跋扈，也是后来爆发安史之乱的一大重要原因。对此，唐代的诗人多有批判，其中最具代表性的就算白居易的《长恨歌》。除此之外，杜甫的《丽人行》也是其中的优秀代表，这首诗通篇只是写"丽人"们的生活场景，没有任何一句是直接加以批判的，但正如清人浦起龙在《读杜心解》中所说的"无一刺讥语，描摹处语语刺讥；无一慨叹声，点逗处声声慨叹"。

这首诗描写的就是虢国夫人出行的场景。诗中描写贵族的奢华生活时，也提到了当时上流社会的一些美食，如紫驼之峰、素鳞、八珍等。

丽人行

杜甫

三月三日天气新①，长安水边多丽人。

态浓意远淑且真②，肌理细腻骨肉匀③。

绣罗衣裳照莫春④，蹙金孔雀银麒麟⑤。

头上何所有？翠微盍叶垂鬓唇⑥。

背后何所见？珠压腰衱稳称身⑦。

就中云幕椒房亲⑧，赐名大国虢与秦⑨。

紫驼之峰出翠釜⑩，水精之盘行素鳞⑪。

犀箸厌饫久未下⑫，鸾刀缕切空纷纶⑬。

黄门飞鞚不动尘⑭，御厨络绎送八珍⑮。

箫鼓哀吟感鬼神，宾从杂遝实要津⑯。

后来鞍马何逡巡⑰，当轩下马入锦茵⑱。

杨花雪落覆白苹⑲，青鸟飞去衔红巾⑳。

炙手可热势绝伦㉑，慎莫近前丞相嗔！

【注释】

①三月三日：唐代京城长安流行在三月三日这一天游赏于曲江。三月三是传统节日上巳节，是古代举行"祓除畔浴"活动的重要节日，人们结伴去水边沐浴，称为"祓禊"，此后又增加了祭祀宴饮、曲水流觞、郊外游春等内容。

②态浓：姿态浓艳。意远：意兴高远。淑且真：淑美且真实不做作。

③肌理细腻：皮肤细嫩。骨肉匀：身材匀称。

④绣罗：有刺绣图案的丝织品。裳（cháng）：古代遮蔽下半身的衣裙。

⑤蹙金孔雀银麒麟：华丽衣裳上镶绣着孔雀和麒麟。

⑥翠微：很薄的翡翠片。盍（è）叶：一种头饰。

⑦珠压：珠子镶嵌在上面，使得裙子不会被风吹起，所以才是"稳称身"。腰衱（jié）：裙带。

⑧就中：其中。云幕：指宫殿当中的云状帷幕。椒房：汉代皇后的居室当中以椒和泥涂壁。后世以椒房代指皇后，称皇后的家属为椒房亲。

⑨赐名大国虢与秦：天宝七年（748），唐玄宗赐封杨贵妃的大姐为韩国夫人，三姐为虢国夫人，八姐为秦国夫人。

⑩紫驼之峰：即驼峰，属于很珍贵的食品。唐代贵族食品当中有"驼峰炙"。翠釜：形容锅的颜色是绿的。釜，古代的一种锅。

⑪水精：即水晶。行：传送。素鳞：指白鳞鱼，以肉质鲜嫩鲜美著称。

⑫犀箸（zhù）：犀牛角制成的筷子。厌饫（yù）：吃饱，吃腻。

⑬鸾刀：带有鸾铃的刀。缕切：细切。空纷纶：厨师们忙了很久却没用，因为贵人们已经吃不下了。

⑭黄门：这里指宦官。飞鞚（kòng）：即飞马。

⑮八珍："八珍"最早出现在《周礼·天官》中"珍用八物""八珍之齐"，具体指哪几种食物有不同的说法，《礼记》认为八珍为淳熬（肉酱盖饭）、淳母（肉酱浇黄米饭）、炮豚（煨烤炖乳猪）、炮牂（煨烤炖羔羊）、捣珍（烧牛、羊、鹿里脊）、渍珍（以酒、糖调味的牛羊肉）、熬珍（调味烘烤的牛肉干）和肝膋（烤狗肝）八种食品。

⑯宾从：宾客随从。杂遝（tà）：人数众多而杂乱。要津：本义是指重要的渡口，这里喻指杨国忠兄妹的家门前车水马龙。

⑰后来鞍马：这里暗指杨国忠。逡（qūn）巡：本义是徘徊不肯前进，这里指顾盼自得。

⑱轩：指车。锦茵：锦制的地毯。

⑲杨花雪落覆白苹：这一句表面上是写曲江在春天的自然景色，其实是影射杨国忠与其从妹虢国夫人的不伦关系，借历史上北魏胡太后与杨白花私通的故事，影射杨家兄妹苟且乱伦。《旧唐书·杨贵妃传》："虢国素与国忠乱，颇为人知，不耻也。每入谒，并驱道中，从监、侍姆百余骑，炬密如昼，靓妆盈里，

不施帷帐，时人谓为雄狐。"

⑳青鸟：神话当中的鸟名，是西王母的使者。相传西王母将要会见汉武帝时，先有青鸟飞集殿前。后常用来代指帮助男女传情的信使。

㉑"炙手"句：指杨氏一族权倾朝野，气焰熏天，无人能比。

贵妃每宿酒初消，多苦肺热，尝凌晨独游后苑，傍花树，以手攀枝，口吸花露①，藉其露液，润于肺也。

【注释】

①花露：古人认为是甘露的一种，有祛病延年的功效。

美味往往伴随着残忍行为

很多美味都伴随着比较残忍的烹调方式，如用"填鸭法"制作烤鸭，鹅肝酱要让鹅的肝部畸形等，而唐代的某些美食制作方法，其残忍程度有过之而无不及，这是后人应当引以为戒的，动物即便是家禽家畜也不应该以残忍的方式虐待。

周张易之为控鹤监①，弟昌宗为秘书监②，昌仪为洛阳令。竞为豪侈。易之为大铁笼，置鹅鸭于其内，当中爇炭火③，铜盆贮五味汁。鹅鸭绕火走，渴即饮汁，火炙痛旋转，表里皆熟，毛落尽，肉赤烘烘乃死。

昌宗活系驴子小室内，蓺炭火，置五味汁，如前法。昌仪取铁橛钉入地，缚狗四足于橛上，放鹰鹞，活按共肉食，肉尽而狗未死，号叫酸楚，不复忍听。

易之曾过昌仪，忆马肠，仪取从骑，破肋取肠，良久方死。后诛易之、昌宗等，百姓脔割其肉，肥白如猪肪，煎炙而食。昌仪打双脚折，抉取心肝而后死，斩其首送都。时云狗马报。(《朝野佥载》④)

【注释】

①张易之：女皇武则天宠臣，历任司卫少卿、控鹤监、内供奉、奉宸令、麟台监，封恒国公，专权跋扈，百官畏惧，把持朝政。唐中宗复辟后，诛杀张易之、张昌宗、张昌仪。控鹤：即骑鹤，古人认为仙人骑鹤上天，因此常用控鹤作为皇帝的近幸或亲兵的代称。圣历元年（698），武则天设置控鹤监，任命近幸张易之、张昌宗等为供奉。

②秘书监：专掌国家藏书与编校工作的机构和官名。

③蓺：焚烧。

④《朝野佥载》：唐人张鷟所撰笔记小说集，记载朝野逸闻，尤多武后朝事。

李令问，开元中为秘书监，左迁集州长史。令问好服玩饮馔，以奢闻于天下。其炙驴罂鹅之属①，惨毒取味。天下言服馔者，莫不祖述李监，以为美谈。令问至集州，染疾，久之渐笃。刺史以其名士，兼是同宗，恒令夜开城门，纵令问家人出入。刺史之子，尝夜与奴私出游。至城门，遥见甲仗数百人，随一火车，当街而行。惊曰："不闻有兵，何得此辈？"意欲驰告父，且复伺其所之。寻而已至城壕，火车从水上过，曾不溃灭，方知是鬼。走投其门，门已闭。不得归，遂奔令问门中处之。既入，火车亦至令问中门外。其子虽恐惧，仍窃窥之。忽闻堂中十余人诵经，甲仗等迟回良久。有一朱衣鬼，径三踢关，声如雷震，经声未绝。火车移上堂阶，遥见堂中灯火清静，尚有十余人侍疾。朱衣鬼又抉窗棂，其声如前，令问左右者皆走散。鬼自门持令问出，遂掷于火车中，群鬼拥之而去。其子还舍，述其事。刺史明日令人问疾。令问家中余口，无敢起者。使者叫呼方出，云："昨夜被惊，至今战惧未已。令问尸为鬼所掷，在堂西北陈重床之下。"家人乃集而哭焉。(《灵怪录》)

【注释】

①炙驴罂鹅：见上文张易之、张昌宗的做法。

亲王能享受的饮食待遇

亲王是中国爵位制度当中王爵的第一等，也是中国古代皇室贵族当中地位仅次于皇帝的高级爵位。唐朝的亲王地位尊崇，虽然在玄宗及之后的时期，亲王的活动受到诸多限制，但享受的待遇还是很优厚的，我们可以从下面的资料当中体会到当时贵族的生活水平。当然这么多的食物不可能由亲王一个人享用，也包括其家人。

每日细白米二升①，粳米、粱米各一斗五升，粉一升，油五升，盐一升半，醋二升，蜜三合②，粟一斗，梨七颗，苏一合，乾枣一升，木橦十根，炭十斤，葱、韭、豉、蒜、姜、椒之类各有差。每月给羊二十口；猪肉六十斤；鱼二十头，各一斤；酒九斗。(《唐六典》)

【注释】

①升：古代容积单位，不同朝代的升大小不一，唐代的一升约等于现在的600毫升～660毫升。

②合：古代的容积单位，十合为一升。

樱桃风靡宫中，百官共尝

樱桃是食用历史非常久远的一种食品，据《说文》考证："樱桃，莺鸟所含食，故又名含桃。"早在西周时期，中国就已经有了樱桃种植的记载。到了唐朝，樱桃的地位更高，每年收获的第一批樱桃要先送到帝王宗庙之中供奉，之后再赏赐、宴请大臣，食用时还要专门搭配金盘、玉盘、金箸、银匙等。唐代诗人王维曾在朝为官，享用过朝廷赐给的樱桃，并为此写诗与同僚唱和过，我们现在就一起来看看当时百官吃樱桃的盛况吧！

敕赐百官樱桃（时为文部郎①）

王　维

芙蓉阙下会千官②，紫禁朱樱出上阑③。

才是寝园春荐后④，非关御苑鸟衔残。

归鞍竞带青丝笼⑤，中使频倾赤玉盘⑥。

饱食不须愁内热⑦，大官还有蔗浆寒。

【注释】

①文部郎：指文部（即吏部）郎中。唐代从天宝十一年（752）三月乙酉日起，改吏部为文部，至德二年（757）十二月恢复原名。

②芙蓉阙：指皇宫门前两旁的阙楼。

③朱樱：樱桃当中深红色的品种。上阑：汉代宫观名，在上林苑中，这里代指皇宫。

④寝园：先帝陵园。春荐：唐代宫廷会在每年春天的四月初一进献樱桃，在祭祀先祖后，分赐百官。荐：祭献。

⑤青丝笼：系有青丝绳的篮子。

⑥赤玉盘：指盛樱桃的盘子。

⑦内热：古人认为樱桃属热性食物，有益气的功效，多吃一些也没有损害。

麈尾与名赋一起流传千古

麈尾是魏晋到唐代文人闲谈时，拿在手里用来驱虫、掸尘的工具，形制是在细长木条两边及顶端插设兽毛，或直接让兽毛垂露于外。据说麈是一种大鹿，麈与群鹿同行，麈尾摇动，可以指挥鹿群行动方向，因此文士手拿"麈尾"有领袖群伦之义。也有人认为麈就是今天我们所说的麋鹿。初唐时，著名诗人陈子昂曾作《麈尾赋》，这里的麈尾指的却是麈尾肉，唐代将麈尾肉与驼蹄并称，是两大难得的美味食材，就连明代的王士祯都留有记录："今京师宴席，最重麈尾，虽猩唇驼峰，未足为比。然自唐已贵之。"

甲申岁①，天子在洛阳，余始解褐②，守麟台③，太子司直宗秦客④，置酒金谷亭⑤，大集宾客。酒酣，共赋座上食物，命余为《麈尾赋》焉⑥。

天之浩浩兮⑦，物亦云云⑧。性命变化兮，如丝之棼⑨。或以神好正直，天盖默默⑩；或以道恶强梁⑪，天亦茫茫⑫。此仙都之灵兽⑬，固何负而罹殃⑭？始居幽山之薮⑮，食乎丰草之乡⑯，不害物以利己，每营道而同方⑰。何忘情以委代⑱，而任性之不忘。卒罘网以见逼⑲，受庖训而罹伤⑳。岂不以斯尾之有用，因杀身于此堂？为君雕俎之羞㉑，厕君金盘之实㉒。承主人之嘉庆，对象筵与宝瑟㉓。虽信美于兹辰㉔，讵同欢于畴日㉕。

客有感而叹者，曰："命不可思，神亦难测。吉凶悔吝㉖，未始有极㉗。借如天道之用，莫神于龙。受戮为醢㉘，不知其凶；王者之瑞，莫圣于麟，遇害于野㉙，不知其仁。神既不能自智，圣亦不能自知，况林栖而谷走㉚，及山鹿与野麇㉛！古人有言：'天地之心，其间无巧。冥之则顺㉜，动之则夭㉝。'谅物情之不异，又何竞于猜矫㉞！故曰：天之神明，与物推移㉟，不为事先，动而辄随。是以至人无己㊱，圣人不知。予欲全身而远害，曾是浩然而顺斯㊲。"

【注释】

①甲申：即唐中宗嗣圣元年（684），这一年的二月，唐中宗被废，豫王李旦继位，是为唐睿宗，改元文明。九月，武后自立为帝，改元光宅。

②解褐：古人首次当官，称为解褐。褐是粗毛编织而成的衣服，是平民的服饰。

③麟台：即秘书省，唐代的官署名。高宗龙朔二年改名兰台，武后垂拱元年改名麟台。

④宗秦客：武则天从姊的儿子，与弟宗楚客劝武后称帝，

后坐赃流放岭南，死在被贬的地方。宗楚客后来巴结韦后，被唐玄宗李隆基所杀。

⑤金谷亭：晋代石崇在洛阳金谷涧建有庄园，名金谷园。唐时又在金谷园旧址修建园亭。

⑥麈：驼鹿。

⑦浩浩：广漫无边的样子。

⑧云云：众多的样子。《庄子·在宥》："万物云云，各复其根。"成玄英疏："云云，众多也。"

⑨棼（fén）：紊乱。《左传·隐公四年》："臣闻以德和民，不闻以乱。以乱，犹治丝而棼之也。"

⑩默默：空无的样子。《庄子·在宥》："至道之精，窈窈冥冥；至道之极，昏昏默默。"郭象注："窈冥昏默，皆了无也。"

⑪强梁：强横，强悍。

⑫茫茫：昏昧的样子。

⑬仙都：神仙居住的地方。《山海经·中山经》："又东一百五十里，曰凤雨之山……其兽多闾麋，多麈、豹、虎。"

⑭罹：遭受。

⑮幽山：隐蔽的山。薮（sǒu）：水浅而草茂的地方。

⑯丰草：繁盛的草木。

⑰同方：意气相同。

⑱委代：即弃世之意。唐人避太宗李世民讳，改"世"为"代"。

⑲罘（fū）网：捕兽网。

⑳庖训：庖厨（厨房）的法则。

㉑雕俎：雕有花纹的俎。俎：盛肉的几案，是古代在宴享、祭祀时要用到的礼器。羞：通"馐"，泛指美味的食物。

㉒金盘：漆金的盘子。

㉓象筵：豪华筵席。

㉔信美：确实美好。

㉕讵：曾。畴日：往日。

㉖悔吝：悔恨。

㉗极：绝对的真理。

㉘受戮为醢（hǎi）：《左传·昭公二十九年》："有陶唐氏既衰，其后有刘累，学扰龙于豢龙氏，以事孔甲，能饮食之。夏后嘉之，赐氏曰御龙，以更豕韦之后。龙一雌死，潜醢以食夏后，夏后飨之，既而使求之，惧而迁于鲁县。"醢：肉酱。

㉙遇害于野：《公羊传·哀公十四年》："春，西狩获麟。……麟者，仁兽也，有王者则至，无王者则不至。有以告者，曰：'有麕而角者。'孔子曰：'孰为来哉！孰为来哉！'反袂拭面，涕沾袍。……西狩获麟，孔子曰：'吾道穷矣。'"

㉚林栖、谷走：指山林中的鸟兽。

㉛麌：麌鹿，鹿属动物。

㉜冥：潜藏。

㉝夭：死亡。

㉞猜矫：猜疑与纠正。

㉟推移：转换。《楚辞·渔父》："圣人不凝滞于物，而能与世推移。"

㊱至人：道家思想当中指修养达到最高境界的人。

㊲浩然：众多、全部。

玄宗赐安禄山美食及器具

在安史之乱之前，唐玄宗对安禄山的恩宠可以说是无人可比，安禄山不但位极人臣，而且日常接受的赏赐也是无人可比。晚唐的《酉阳杂俎》一书中，为我们记录了玄宗皇帝给予安禄山的一次赏赐，这只是无数次赏赐中的一次，但却足见奢华。不但有各种新奇的食物，还有大量极尽奢华的器物。我们从中可以管窥大唐盛世，还有美食的丰富，以及手工艺的高超水准。但也正是接受赏赐的安禄山将这一切都毁灭了，这不得不说是一种讽刺。

安禄山恩宠莫比，锡赉无数①。其所赐品目有：桑落酒、阔尾羊窟利②、马酪③、音声人两部、野猪鲊④、鲫鱼并鲙手刀子⑤、清酒⑥、大锦、苏造真符宝舆⑦、余甘煎⑧、辽泽野鸡、五术汤、金石凌汤一剂及药童昔贤子就宅煎⑨、蒸梨、金平脱犀头匙箸⑩、金银平脱隔馄饨盘、平脱著足叠子、金花狮子瓶、熟线绫接靴、金大脑盘、银平脱破觚、八角花乌屏风、银凿镂铁锁、帖白檀香床、绿白平细背席、绣鹅毛毡兼令瑶令光就宅张设、金鸾紫罗绯罗立马宝、鸡袍、龙须夹帖、八斗金镀银酒瓮、银瓶平脱掏魁织锦筐、银笊篱、银平脱食台盘、油画食藏⑪，又贵妃赐禄山金平脱装具玉合⑫、金平脱铁面碗。

【注释】

①锡贵：赏赐。

②窟利：肉干。

③马酪：马奶酒。

④野猪鲊：腌制的野猪肉。是将野猪肉去骨煮熟，晾干后切片，再用粳米饭相拌，加茱萸子和食盐调和，用泥封入坛内一月，然后取出蒸熟，用蒜、醋等调食。

⑤鲙手刀子：厨师用的刀具。

⑥清酒：过滤掉残渣的酒。

⑦轝：通"舆"，车。

⑧余甘煎：一种汤剂，味道先苦后甜，故名。

⑨金石凌汤：一种中药汤剂。

⑩平脱：古代的漆器加工工艺。

⑪油画食藏：漆器材质的食盒。

⑫装具玉合：装行李的玉质器具。

市井之间的别样美味

齿颊生香的主食

稻米流脂粟米白

饭是唐朝人的重要主食，唐朝人食用的饭多种多样，主要有稻米饭、粟米饭、黍米饭等。稻米饭食用的范围最广，尤其在长江以南产稻地区，它一直是最重要的主食。

黍米饭是用大黄米煮的饭。由于唐代黍的种植量很大，所以黍米饭也是不少地方的主食。

粟米饭即小米饭，它的食用范围主要在北方地区。

茅堂检校收稻二首

杜 甫

香稻三秋末，平田百顷间。

喜无多屋宇，幸不碍云山。

御夹侵寒气，尝新破旅颜。

红鲜终日有^①，玉粒未吾悭^②。

稻米炊能白，秋葵煮复新。

谁云滑易饱，老藉软俱匀。

种幸房州熟，苗同伊阙春。

无劳映渠碗^③，自有色如银。

【注释】

①红鲜：红稻，色红而鲜艳。

②悭：吝啬。

③渠碗：亦作"渠椀"，是用车渠壳做的碗。车渠：大贝，产于海中，背上垄纹如车轮之渠，其壳内白皙如玉。

秋日阮隐居致薤三十束

杜 甫

隐者柴门内，畦蔬绕舍秋。

盈筐承露薤^①，不待致书求。

束比青刍色^②，圆齐玉箸头。

衰年关鬲冷^③，味暖并无忧。

【注释】

①薤：多年生草本植物，地下有鳞茎，鳞茎和嫩叶可食。

②青刍：新鲜的草料。

③关鬲：胸腹之间的部位。

《三羊图》

　　中国人早在四千多年前就已经驯化圈养了羊，羊为六畜之一，是古人重要的肉食来源，也是祭祀时的重要祭品。此外，羊字在古代通"祥"，有"吉祥"的寓意，因此羊被认为是吉祥的牲畜。唐代在传统的烤羊、炖羊肉等吃法之外，还有肉酱、肚丝、消灵炙等精加工的羊肉美味。

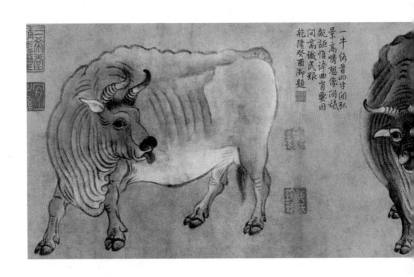

　　自汉代开始，历朝历代几乎都对宰杀牛有严格的限制，但限制不等于绝对禁止，只要符合一定的条件，吃牛肉并非遥不可及，因此历代的牛肉菜肴发展从未间断，唐朝的通花软牛肠（胎用羊膏髓）、爊牛头及用牛奶烹饪的各色菜肴都是难得美味。

《五牛图》(局部)

《鸡图》

　　中国养殖鸡的历史已经有五六千年，鸡一直以来都是中国人餐桌上的重要肉食来源，唐朝比较有名的鸡肉菜品有雉臛、仙人脔（奶炖鸡块）等。

诗三百三首（节选）

寒 山

死恶黄连苦，生怜白蜜甜①。吃鱼犹未止，食肉更无厌。

纵你居犀角，饶君带虎睛。桃枝将辟秽②，蒜壳取为璎③。

暖腹茱萸酒④，空心枸杞羹⑤。终归不免死，浪自觅长生。

······

怜底众生病，餐尝略不厌。蒸豚揾蒜酱，炙鸭点椒盐。

去骨鲜鱼脍，兼皮熟肉脸。不知他命苦，只取自家甜。

读书岂免死，读书岂免贫。何以好识字，识字胜他人。

丈夫不识字，无处可安身。黄连揾蒜酱，忘计是苦辛。

【注释】

①白蜜：结晶后的洋槐花蜜。

②桃枝：桃木在我国民间文化里也叫"降龙木""鬼怖木"，有辟邪的功能。

③璎：装饰品。

④茱萸酒：夏历九月，气候初寒，制茱萸于酒，饮之可御寒、健身，俗传可"辟邪"。

⑤枸杞羹：由枸杞叶、羊肉、葱白制成，适合虚劳羸瘦的人服用。

二年三月五日斋毕开素当食偶吟赠妻弘农郡君

白居易

睡足肢体畅，晨起开中堂。

初旭泛帘幕，微风拂衣裳。

二婢扶盥栉①，双童异簟床②。

庭东有茂树，其下多阴凉。

前月事斋戒，昨日散道场。

以我久蔬素，加笾仍异粮③。

鲂鳞白如雪④，蒸炙加桂姜。

稻饭红似花，调沃新酪浆⑤。

佐以脯醢味⑥，间之椒薤芳。

老怜口尚美，病喜鼻闻香。

娇騃三四孙⑦，索哺绕我傍。

山妻未举案，馋叟已先尝。

忆同牢卺初⑧，家贫共糟糠。

今食且如此，何必烹猪羊。

况观姻族间，夫妻半存亡。

偕老不易得，白头何足伤。

食罢酒一杯，醉饱吟又狂。

缅想梁高士⑨，乐道喜文章。

徒夸五噫作，不解赠孟光⑩。

【注释】

①盥栉：梳洗整理仪容。

②舁（yú）：一起抬。

③加笾：礼遇厚于平时。

④鲂：一种常见的淡水鱼，可食用。

⑤调沃：调味并将汁浇淋在食物上。

⑥醢：肉酱。

⑦娇騃：娇痴。

⑧牢卺：即"同牢合卺"。"同牢"是指新婚夫妇共食同一牲畜之肉，"合卺"是指夫妇结婚时交杯而饮。牢卺这里指新婚的时候。

⑨梁高士：即梁鸿。汉朝时，书生梁鸿读完太学回家务农，与县上孟财主的女儿孟光结婚，婚后他们放弃孟家的富裕生活，到山区隐居，后来帮皋伯通打短工。每次孟光给梁鸿送饭时把托盘举得跟眉毛一样高，举案齐眉的典故由此而来。

⑩孟光：即梁鸿的妻子。

评事翁寄赐饧粥走笔为答①

李商隐

粥香饧白杏花天，省对流莺坐绮筵。

今日寄来春已老，凤楼迢递忆秋千。

【注释】

①饧粥：加入饴糖的甜粥。

蔬　食

陆龟蒙

孔融不要留残脍，庾悦无端吝子鹅①。

香稻熟来秋菜嫩，伴僧餐了听云和。

【注释】

①庾悦无端吝子鹅：庾悦是东晋末年的名士，名将刘毅身份低微时曾在庾悦手下为官，备受冷遇，后向庾悦讨要烤子鹅，庾悦没有应允。刘毅后来功成名就，多次打击报复，最终使庾悦忧郁而死。

夜归驿楼

许　浑

水晚云秋山不穷，自疑身在画屏中。

孤舟移棹一江月，高阁卷帘千树风。

窗下覆棋残局在，橘边沽酒半坛空。

早炊香稻待鲈鲙，南渚未明寻钓翁。

荆门行①

王　建

江边行人暮悠悠②，山头殊未见荆州。

岘亭西南路多曲，栎林深深石镞镞。

看炊红米煮白鱼，夜向鸡鸣店家宿。

南中三月蚊蚋生，黄昏不闻人语声。

生纱帷疏薄如雾，隔衣嘬肤耳边鸣③。

欲明不待灯火起，唤得官船过蛮水。

女儿停客茆屋新，开门扫地桐花里。

犬声扑扑寒溪烟，人家烧竹种山田。

巴云欲雨薰石热，麋鹿渡江虫出穴。

大蛇过处一山腥，野牛惊跳双角折。

斜分汉水横千山，山青水绿荆门关。

向前问个长沙路，旧是屈原沉溺处。

谁家丹旐已南来，逢着流人从此去。

月明山鸟多不栖，下枝飞上高枝啼。

主人念远心不怿，罗衫卧对章台夕。

红烛交横各自归，酒醒还是他乡客。

壮年留滞尚思家④，况复白头在天涯。

【注释】

①荆门：指荆州。

②悠悠：连绵不尽貌。

③嘈（zǎn）：叮咬。

④留滞：停留，羁留。

偶吟二首

白居易

眼下有衣兼有食，心中无喜亦无忧。

正如身后有何事，应向人间无所求。

静念道经深闭目，闲迎禅客小低头。

犹残少许云泉兴，一岁龙门数度游。

晴教晒药泥茶灶，闲看科松洗竹林。

活计纵贫长净洁，池亭虽小颇幽深。

厨香炊黍调和酒，窗暖安弦拂拭琴。

老去生涯只如此，更无余事可劳心。

春晚书山家屋壁

贯 休

柴门寂寂黍饭馨，山家烟火春雨晴。

庭花蒙蒙水泠泠①，小儿啼索树上莺。

水香塘黑蒲森森，鸳鸯鸂鶒如家禽②。

前村后垄桑柘深，东邻西舍无相侵。

蚕娘洗茧前溪渌，牧童吹笛和衣浴。

山翁留我宿又宿，笑指西坡瓜豆熟。

【注释】

①泠泠：形容水流的声音。

②鸂鶒：水鸟名。形大于鸳鸯，而多紫色，好并游。俗称紫鸳鸯。

寒食三日，作醴酪^①，又煮粳米及麦为酪，捣杏仁煮作粥。按玉烛宝典，今人悉为大麦粥，研杏仁为酪，别以饧沃之。(《邺中记》)

【注释】

①醴酪：一种以麦芽糖调制的杏仁麦粥。一直到隋唐时，都是寒食节的主要食品。

洛阳人家寒食节装万花舆，煮杨花粥。(《云仙杂记》^①)

【注释】

①《云仙杂记》：又名《云仙散录》，后唐人冯贽编，是五代时一部记录异闻的古小说集。这部书的内容比较驳杂，主要是有关唐五代时一些名士、隐者和乡绅、显贵之流的逸闻逸事。

奉和圣制幸玉真公主山庄因题石壁十韵之作应制①

王　维

碧落风烟外②，瑶台道路赊③。

如何连帝苑，别自有仙家。

此地回鸾驾④，缘谿转翠华⑤。

洞中开日月，窗里发云霞。

庭养冲天鹤⑥，溪流上汉槎⑦。

种田生白玉，泥灶化丹砂⑧。

谷静泉逾响，山深日易斜。

御羹和石髓⑨，香饭进胡麻。

大道今无外⑩，长生讵有涯。

还瞻九霄上，来往五云车。

【注释】

①玉真公主：唐玄宗有两个同母的妹妹——金仙公主与玉真公主。两位公主都在非常年轻的时候，自愿出家当了女道士。山庄：清人赵殿成注引元人朱象之辑《古楼观紫云衍庆集》，指出公主山庄位于楼观南山。但楼观距长安百余里，玄宗远幸此地的可能性似乎不大。

②碧落：道家称东方第一层天，碧霞满空，叫作"碧落"，也可以泛指天上。

③赊：远。

④鸾驾：代指天子的车驾。

⑤翠华：以翠羽作为旗帜上面的装饰，这里指天子的仪仗。

⑥冲天鹤：指周朝王子乔乘鹤升天成仙的典故。

⑦汉槎：可以乘坐来到天河渡口的仙舟。

⑧化丹砂：谓将丹砂等物置于炉火中烧炼而成丹药。道教认为服食丹药可以成仙。

⑨石髓：石钟乳。古人用于服食，也可入药。

⑩大道：道家所称之"道"。无外：广大、无涯际之意。《庄子·天下》："至大无外。"道家认为"道"是无所不在的，故云"无外"。

乌精饭美味又养生

乌精饭，也叫乌饭、青精饭或乌米饭，通常是用粳米及南烛叶茎制成。南烛是一种常绿灌木，枝叶的浸出液是黑色的，有较为浓郁的香气。唐代著名药学家陈藏器在《本草拾遗》记载：取南烛茎叶捣碎渍汁，用浸粳米，蒸熟成饭。把饭晒干，再浸其汁，复蒸复晒。如此"九浸、九蒸、九曝"后，米粒紧小，黑若坚珠，可以盛放在袋中携带出门远行，久贮不坏。要进食时，用沸水煮一下就可以吃了，不但可以果腹，还清香可口。据《零陵总记》记载，古代有在寒食节时制作乌精饭的习俗。

吃乌精饭来养生的风气，在唐代已经非常流行，杜甫在《赠李白》中提到"岂无青精饭，使我颜色好。苦乏大药资，山林迹如扫"，就是证据。此外唐代的很多文学作品都提到了乌精饭。

赠李白

杜　甫

二年客东都①，所历厌机巧②。

野人对膻腥③，蔬食常不饱④。

岂无青精饭⑤，使我颜色好⑥。

苦乏大药资⑦，山林迹如扫⑧。

李侯金闺彦⑨，脱身事幽讨⑩。

亦有梁宋游⑪，方期拾瑶草⑫。

【注释】

①客：指客居，也就是旅居他乡。东都：洛阳。

②所历：指生平经历。历，经历。厌：憎恶。机巧：指钩心斗角。

③野人：指平民百姓。对：面对、相对。相对于平民的当然就是富人、官吏。膻腥：这里指富人吃的美味佳肴。

④蔬食（sì）：以糙米、菜蔬为食。

⑤岂：表示反问，难道。无：没有。

⑥颜色好：指气色、脸色显得很美好。相传乌精饭是道家的太极真人所制，有延年益寿的作用。

⑦苦乏：极为缺乏。苦，竭力。大药：指金丹。唐代道教极为盛行，很多权贵都喜欢炼丹以求长生。资：指钱财。

⑧迹如扫：足迹犹如被刻意清扫过一样，也就是没有足迹。迹，脚印；扫，清除尘秽。

⑨李侯：指李白，李白从未封侯，这里"侯"只是尊称。金闺：指金马门。金马门是汉代宫门之一，是大臣等候皇帝召见之地。彦：古代对贤德之人的美称，也指代有才华的贤士。

⑩脱身：指从某类场合或杂务当中脱身。李白得罪了宦官高力士，高力士中伤李白，李白在长安难以存身，于是自请放还，所以称为脱身。事幽讨：在山林之中采药访道。幽讨，指草木茂密、适合隐居的地方；讨，指寻幽探胜，纵情山林。

⑪梁宋：指中原一带。

⑫方：将。期：约定时间。拾：捡取。瑶草：古代指仙草，是传说中的香草。江淹《别赋》："君结绶兮千里，惜瑶草之徒芳。"

和乐天赠吴丹

元 稹

不识吴生面，久知吴生道。

迹虽染世名，心本奉天老①。

雌一守命门②，回九填血脑③。

委气荣卫和④，咽津颜色好⑤。

传闻共甲子⑥，衰赘尽枯槁。

独有冰雪容⑦，纤华夺鲜缟。

问人何能尔，吴实旷怀抱。

弁冕徒挂身，身外非所宝。

伊予固童昧，希真亦云早⑧。

石坛玉晨尊⑨，昼夜长自埽。

密印视丹田⑩，游神梦三岛⑪。

万过《黄庭经》⑫，一食青精稻。

冥搜方朔桃⑬，结念安期枣⑭。

绿发幸未改⑮，丹诚自能保。

行当摆尘缨，吴门事探讨。

君为先此词，终期搴瑶草⑯。

【注释】

①天老：传说是黄帝手下的大臣，为道家祖师之一。

②雌一：处于阴柔之势而专心致志。命门：人体元气集中的重要部位，位置有不同的说法。

③回九：古代一种养生练气吸纳的方法。

④荣卫：即荣气与卫气，中医认为荣气滋养全身，卫气护卫人体避免外邪入侵。

⑤咽津：吞咽唾液来养气健体的方法。

⑥共甲子：同龄人。甲子这里指年龄。

⑦冰雪容：肌肤光滑而洁白。

⑧希真：向往得道成仙。

⑨玉晨尊：玉晨的塑像。玉晨，仙人的名号。

⑩密印：本义指佛教的一些修炼方法，这里借指道教修炼
的秘诀。

⑪三岛：指神话传说中海外的三座神山蓬莱、方丈、瀛洲，
这里泛指仙境。

⑫《黄庭经》：道教经典著作之一。

⑬方朔桃：《汉武故事》记载："东郡献短人，呼东方朔至，
短人因指朔谓上曰：'西王母种桃，三千岁为一子，此而（儿）不
良也，已三过偷之也。'"

⑭安期枣：传说中的仙果。《史记·封禅书》："臣尝游海上，
见安期生，安期生食巨枣，大如瓜。"安期生，传说是仙人下凡，
曾与秦始皇叙谈。

⑮绿发：年少的样子，指头发乌黑有光泽。黑色有光泽近
似浓绿色，故名。

⑯瑶草：传说中的香草。

形式各异的饼风行天下

胡饼顾名思义就是从胡人那边传过来的饼，相传是在东汉班超通西域时经丝绸之路传入我国的美食。我国历史上最早关于"胡饼"的记载，是《续汉书》中的"灵帝好胡饼"，由此可见在东汉末年，胡饼已经相当普及了，连皇帝都喜欢吃。

到了唐朝，吃胡饼已经非常流行，胡饼是当时的时髦食品。《旧唐书·舆服志》就有"贵人御馔，尽供胡食"的记载。所谓"胡食"都有哪些种类呢？唐代的《一切经音义》一书中说："此油饼本是胡食，中国效之，微有改变，所以近代亦有此名，诸儒随意制字，未知孰是。胡食者，即毕罗、烧饼、胡饼、搭纳等。"由此可见当时以胡饼为代表的西域食物的盛行。

胡饼的做法与特点由不同的人做出来是有差异的，有些胡饼是蒸出来的，有些是烤出来的，有些需要撒上芝麻，还有的是有馅儿的。当时长安城中做胡饼、吃胡饼和卖胡饼的人都非常多，以至于当时的日本来华僧人圆仁在《求法巡礼行记》中写道："开成五年（840）正月六日立春，命赐胡饼寺粥。时行胡饼，俗家皆然。"

寄胡饼与杨万州①

白居易

胡麻饼样学京都②，

面脆油香新出炉。

寄与饥馋杨大使，

尝看得似辅兴无。

【注释】

①杨万州：白居易的朋友。本诗是白居易送胡饼给友人时附带的诗。

②胡麻：即芝麻。

周张衡①，令史出身②，位至四品，加一阶，合入三品，已团甲③。因退朝，路旁见蒸饼新熟，遂市其一④，马上食之，被御史弹奏⑤。则天降敕⑥："流外出身⑦，不许入三品。"遂落甲⑧。（《朝野佥载》）

【注释】

①周：指武周，即武则天称帝后建立的朝代。

②令史：唐代的令史属于各台、省、院、部都有的低级官吏。

③团甲：唐代铨选之制（选用官吏的制度），在吏兵二部唱名注官完毕，须将所拟之官以类相从，编为甲历，称为"团甲"，送交尚书省审核并批复，审核通过并同意提拔，才能升官。

④市：购买。

⑤弹奏：言官向帝王检举官吏的罪状或过失。官员在闹市当中骑在马上吃蒸饼，有损官员的威仪，因此被弹奏。

⑥则天：即武则天。降敕：颁发诏书。

⑦流外：流外是隋唐时期对九品以下官员的通称。流外本身也是有品级的，经考铨后，可递升入流，成为流内，称为入流。唐代京城的各个官署吏员多以流外官充任。

⑧落甲："团甲"之后，尚书省经审核没有同意提拔，称为落甲。

至德元载①，安史之乱，玄宗西幸②，仓皇路途，至咸阳集贤宫，无可果腹，日向申上犹未食③。杨国忠自市胡饼以献⑤。（《资治通鉴·玄宗纪》）

【注释】

①至德元载：公元756年。至德是唐肃宗的年号。

②西幸：安史之乱中，叛军攻破潼关后，京城长安难保，唐玄宗逃离京城，向西逃难，后又入蜀。

③日向申上：时间到了申时。申时，下午15时到17时。

④杨国忠：本名杨钊，唐代宰相、权臣，杨贵妃族兄。杨国忠随唐玄宗西逃入蜀，中途在马嵬驿被乱兵所杀。

时豪家食次①，起羊肉一斤，层布于巨胡饼②，隔中以椒豉③，

润以酥④，入炉迫之⑤，候肉熟食之，呼为"古楼子"。(《唐语林》)

【注释】

①食次：要吃饭的时候。

②层布于巨胡饼：饼里夹肉，层叠堆加。

③椒豉：豆豉与花椒。

④酥：奶酪。

⑤迫之：烘烤。

吴县朱自劝以宝应年亡①。大历三年②，其女寺尼某乙，令往市买胡饼，充斋馔物③。于河西见自劝与数骑宾从二十人，状如为官。见婢嘘晞④，问："汝和尚好在，将安之。"婢云："命市胡饼作斋。"劝云："吾此正复有饼。"回命从者，以三十饼遗之，兼传问讯。婢至寺白尼，尼悲涕不食，饼为众人所食。

后十余日，婢往市，路又见自劝，慰问如初。复谓婢曰："汝和尚不了，死生常理，何可悲涕，故寄饼亦复不食。今可将三十饼往，宜令食也。"婢还，终不食。后十日，婢于市，复见自劝。问讯毕，谓婢曰："方冬严寒，闻汝和尚未挟纩⑤。今附绢二匹，与和尚作寒具。"婢承命持还，以绢授尼。尼以一匹制裤，一留贮之。后十余日，婢复遇自劝，谓曰："有客数十人，可持二绢。令和尚于房中作馔，为午食。明日午时，吾当来彼。"婢还，尼卖绢，市诸珍膳。

翌日待之，至午，婢忽冥昧久之⑥，灵语因言客至。婢起只

供食，食方毕，又言曰："和尚好住，吾与诸客饮食致饱，今往已。"婢送自劝出门，久之方悟，自尔不见。(《广异记》^⑦)

【注释】

①宝应年：唐代宗年号，762年农历四月至763年农历六月。

②大历三年：公元768年。

③斋馔物：佛教的供品，为素食。

④嘘唏：悲泣，叹息。

⑤挟纩：把丝绵装入衣衾内，制成丝袍、丝被。

⑥冥昧：沉默。

⑦《广异记》：是一部唐代前期的中国志怪传奇小说集，原书二十卷，今存六卷。

唐汴州西有板桥店。店娃三娘子者，不知何从来，寡居，年三十余，无男女，亦无亲属。有舍数间，以鬻餐为业，然而家甚富贵，多有驴畜。往来公私车乘，有不逮者，辄贱其估以济之。人皆谓之有道，故远近行旅多归之。

元和中^①，许州客赵季和，将诣东都，过是宿焉。客有先至者六七人，皆据便榻。季和后至，最得深处一榻，榻邻比主人房壁。既而，三娘子供给诸客甚厚。夜深致酒，与诸客会饮极欢。季和素不饮酒，亦预言笑。至二更许，诸客醉倦，各就寝。三娘子归室，闭关息烛。人皆熟睡，独季和辗转不寐。隔壁闻三娘子窸窣^②，若动物之声。偶于隙中窥之，即见三娘子向覆器下，

取烛挑明之。后于巾厢中③，取一副耒耜④，并一木牛、一木偶人，各大六七寸，置于灶前，含水噀之⑤。二物便行走，小人则牵牛驾耒耜，遂耕床前一席地，来去数出。又于厢中，取出一裹荞麦子⑥，受于小人种之。须臾生，花发麦熟，令小人收割持践，可得七八升。又安置小磨子，碾成面讫，却收木人子于厢中，即取面作烧饼数枚。有顷鸡鸣，诸客欲发，三娘子先起点灯，置新作烧饼于食床上，与客点心。季和心动遽辞，开门而去，即潜于户外窥之。乃见诸客围床，食烧饼未尽，忽一时踣地⑦，作驴鸣，须臾皆变驴矣。三娘子尽驱入店后，而尽没其货财。季和亦不告于人，私有慕其术者。

后月余日，季和自东都回，将至板桥店，预做荞麦烧饼⑧，大小如前。既至，复寓宿焉，三娘子欢悦如初。其夕更无他客，主人供待愈厚。夜深，殷勤问所欲。季和曰："明晨发，请随事点心。"三娘子曰："此事无疑，但请稳睡。"半夜后，季和窥见之，一依前所为。天明，三娘子具盘食，果实烧饼数枚于盘中讫，更取他物。季和乘间走下，以先有者易其一枚，彼不知觉也。季和将发，就食，谓三娘子曰："适会某自有烧饼，请撤去主人者，留待他宾。"即取己者食之。方饮次，三娘子送茶出来。季和曰："请主人尝客一片烧饼。"乃拣所易者与啖之。才入口，三娘子据地作驴声。即立变为驴，甚壮健。季和即乘之发，兼尽收木人木牛子等。然不得其术，试之不成。

季和乘策所变驴，周游他处，未尝阻失，日行百里。后四年，乘入关，至华岳庙东五六里，路旁忽见一老人，拍手大笑曰："板桥三娘子，何得作此形骸？"因捉驴谓季和曰："彼虽有过，然遭君亦甚矣！可怜许，请从此放之。"老人乃从驴口鼻边，以两手擘开，三娘子自皮中跳出，宛复旧身，向老人拜讫，走去。更不知所之。(《河东集》⑨)

【注释】

①元和（806—820）：是唐宪宗李纯的年号。

②窸窣：衣物摩擦发出的细微声音。

③巾厢：即巾箱，古人放置头巾的小箱子。

④耒耜：古代农业生产中用来翻整土地、播种庄稼的农具。

⑤噀：喷水。

⑥荞麦子：荞麦种子。

⑦踣地：向前扑倒在地上。

⑧预：事先。

⑨《河东集》：宋初散文家柳开著、门人张景编的文集。

风尘三侠胡饼结缘

传奇小说是我国古代文言短篇小说当中的一种，产生并流行于唐代，因此也叫唐传奇。唐传奇数量众多，且内容精彩，故事动人，辞藻华丽，为后世的文学创作提供了大量的素材。有些作品也拥有极高的文学价值，唐代很多著名文学家都写过传奇。

唐传奇当中最具盛名的故事之一就是《虬髯客传》，"风尘三侠"的故事从此深入人心，后世更是将《虬髯客传》看作是中国最早的武侠小说之一。

下面节选了《虬髯客传》的部分章节，基本涵盖了这部小说涉及饮食的全部内容，我们可以从中管窥唐朝时期市井之间的饮食特点。

行次灵石旅舍①，既设床，炉中烹肉且熟。张氏以发长委地②，立梳床前。公方刷马③。忽有一人，中形，赤髯而虬④，乘蹇驴而来⑤。投革囊于炉前，取枕欹卧⑥，看张梳头。公怒甚，未决，犹刷马。张熟视其面，一手握发，一手映身摇示公，令勿怒。急急梳头毕，敛衽前问其姓⑦。卧客答曰："姓张。"对曰："妾亦姓张，合是妹。"遽拜之。问第几，曰："第三。"因问妹第几，曰："最长。"遂喜曰："今多幸逢一妹。"张氏遥呼："李郎且来见三兄。"公骤拜之。遂环坐。曰："煮者何肉？"曰："羊肉，计已熟矣。"客曰："饥。"公出市胡饼。客抽腰间匕首切肉共食。食竟，余肉乱切送驴前食之，甚速。

客曰："观李郎之行，贫士也。何以致斯异人？"曰："靖虽贫，亦有心者焉。他人见问，故不言。兄之问，则不隐耳。"具言其由。曰："然则将何之？"曰："将避地太原。"曰："然，吾故〔疑〕非君所致也。"曰："有酒乎？"曰："主人西，则酒肆也。"公取酒一斗。

食在唐朝　**083**

既巡，客曰："吾有少下酒物，李郎能同之乎？"曰："不敢。"于是开革囊，取一人头并心肝，却头囊中，以匕首切心肝，共食之。曰："此人天下负心者，衔之十年，今始获之，吾憾释矣。"

又曰："观李郎仪形器宇，真丈夫也。亦闻太原有异人乎？"曰："尝识一人，愚谓之真人也[8]。其余，将帅而已。"曰："何姓？"曰："靖之同姓。"曰："年几？"曰："仅二十。"曰："今何为？"曰："州将之子[9]。"曰："似矣。亦须见之。李郎能致吾一见乎？"曰："靖之友刘文静者[10]，与之狎[11]。因文静见之可也。然兄何为？"曰："望气者言太原有奇气，使访之。李郎明发，何日到太原？"靖计之日，曰："达之明日，日方曙，候我于汾阳桥。"

言讫，乘驴而去，其行若飞，回顾已失。公与张氏且惊且喜，久之，曰："烈士不欺人。固无畏。"促鞭而行。

【注释】

①行次灵石旅舍：此前的情节是李靖求见隋朝权臣杨素，两人相谈无果。杨素府上有一名家伎张氏，手持红拂，在李靖走后来到其投宿的驿站，与其共结连理，离开京师前往太原。途中经过灵石旅舍住宿。

②张氏：即红拂女，李靖之妻。

③公：即李靖，后来成为唐朝开国功臣，封卫国公，因此又称李卫公。

④赤髯而虬：胡须是红色的且弯曲。

⑤蹇驴：跛蹇驽弱的驴。

⑥攲卧：歪着身子躺着。

⑦敛衽：整理衣襟，表示恭敬。

⑧真人：真命天子，这里指唐太宗李世民。

⑨州将之子：李世民之父李渊时任太原留守。

⑩刘文静：时任隋朝晋阳令，后任唐朝宰相。

⑪狎：亲近。

汤饼换来三次解困

汤饼也就是面片汤，是把和好的面团托在手里撕成片状并下锅煮熟。汤饼后来又叫煮饼，后来又发展成索饼。《释名疏证补》："索饼疑即水引饼。"《齐民要术》对"水引"法有记载：先用冷肉汤调和用细绢筛过的面，再"揉搓如箸着大，一尺一断，盘中盛水浸。宜以手临铛上，揉搓令薄如韭叶，逐沸煮"。唐代又将汤饼称为馎饦，到了宋代，人们则将汤饼与面条逐渐等同起来。汤饼在古代一直是日常饮食，非常常见，还由此诞生了一些和汤饼有关的典故，如三国时期的"汤饼试"，俗语"汤饼之期"（指婴儿出生三天）等，可以说汤饼是古代饮食文化的一个典型缩影。

牛生自河东赴举，行至华州，去三十里，宿一村店。其日，雪甚，令主人造汤饼。昏时，有一人穷寒，衣服蓝缕，亦来投店。牛生见而念之，要与同食。此人曰："某穷寒，不办得钱。今朝已空腹行百余里矣。"遂食四五碗，便卧于床前地上，其声如牛。至五更，此人至牛生床前曰："请公略至门外，有事要言之。"连催出门，曰："某非人，冥使耳。深愧昨夜一餐，今有少相报。公为置三幅纸及笔砚来。"牛生与之，此人令牛生远立，自坐树下，袖中抽一卷书，牒之。看数张，即书两行，如此三度讫。求纸封之，书云第一封、第二封、第三封。谓牛生曰："公若遇灾难、危笃不可免者，即焚香以次开之视。若或可免，即不须开。"言讫，行数步不见矣。牛生缄置书囊中[1]，不甚信也。及至京，止客户坊，饥贫甚，绝食。忽忆此书，故开第一封，题云："可于菩提寺门前坐。"自客户坊至菩提寺三十余里。饥困，且雨雪，乘驴而往，自辰至鼓声欲绝方至寺门。坐未定，有一僧自寺内出，叱牛生曰："雨雪如此，君为何人而至此？若冻死，岂不见累耶？"牛生曰："某是举人，至此值夜，略借寺门前一宿，明日自去耳。"僧曰："不知是秀才，可止贫道院也。"既入，僧仍为设火具食。会语久之，曰："贤宗晋阳长官[2]，与秀才远近。"牛生曰："是叔父也。"僧乃取晋阳手书，令识之，皆不谬。僧喜曰："晋阳常寄钱三千贯文在此，绝不复来取。某年老，一朝溘至[3]，便无所付，今尽以相与。"牛生先取将钱千贯，买宅，置车马，纳仆妾，遂为富人。又以求名失路[4]，复开第二封书，题云："西市食店张家楼上坐。"牛生如言，诣张氏，独止于一室，下廉而坐。有数少年上楼来，中有一人白衫，坐定，忽曰："某本只有五百千，令请添至七百千，此外即力不及也。"一人又曰："进士及第，何惜千缗⑤?"牛生知其货及第矣。及出揖之，白衫少年即主司之子⑥。生曰："某以千贯奉郎君，别有二百千，奉诸公酒食之费，不烦他议也。"少年许之，果登上第⑦。历任台省，后为河东节度副使。经一年，疾困，遂开第三封，题云："可处置家事。"乃沐浴，修遗书，才讫而遂终焉。(《会昌解颐录》)

【注释】

①缄置书囊：装在书囊里。

②贤宗：你的同宗，这里指和对方同姓的人。

③溘至：本义是指人生苦短，这里指去世。

④求名失路：求取功名没有适宜的途径。

⑤缗：本义是古代穿铜钱用的绳子，这里指一千文钱。

⑥主司：科举考试主考官。

⑦上第：考上了进士。

郑州献卢舍人（时本官王令公收复两京后①）

罗　隐

海槎闲暇阆风轻，不是安流不肯行。

鸡省露浓汤饼熟，凤池烟暖诏书成。

渔筹已合光儒梦，尧印何妨且治兵。

会待两都收复后，右图仪表左题名。

【注释】

①收复两京：至德二年（757），在唐朝平定安史之乱的战争中，唐军收复京师长安和东都洛阳。

九月九日刘十八东堂集

李　颀

风俗尚九日，此情安可忘。

菊花辟恶酒，汤饼茱萸香①。

云入授衣假，风吹闲宇凉。

主人尽欢意，林景昼微茫。

清切晚砧动，东西归鸟行。

淹留怅为别，日醉秋云光。

【注释】

①汤饼茱萸香：唐朝人对重阳节很重视，当时的人们将吃汤饼、插茱萸、饮菊花酒作为重阳节的主要活动内容。

做油饼保住性命

唐代炸法加工的面食主要有油馓、捻头等。油馓是一种油炸的球型面食，当时油馓的种类很多，如韦巨源《烧尾宴食单》中记有火焰盏口馄、金粟平馄。捻头是唐代出现的油炸食品。古人常将捻头与寒具、馓子视为同类食品。明代李时珍将捻头、环饼、馓子这三种食品并称为"寒具"，并解释说："捻头，捻其头也。环饼，像环钏也。馓，易消散也。……则寒具即今馓子也。以糯粉和面，入少盐，牵索纽捻成环钏之形，油煎食之。"由于捻头是一种干制面食，能够存放很长时间，据日本人真人元开《唐大和上东征传》载，天宝二年（743），鉴真准备东渡日本时，准备的食品中有"番捻头一半车"。

陆存者，愚儒也。衰白之后，方调授汝州郏城令，时乾符丁酉岁也。是秋，王仙芝党羽起①，自海沂来攻郡，途经郏城，存微服将遁②，为贼所掳。其酋问曰："汝何等人也？"存绐之曰："某庖人也。"乃命溲面煎油作麸者③，移时不成④，贼酋怒曰："这汉漫语⑤，把剑来。"存惧，急撮面，两手速拍曰："祖祖父父，世业世业。"众大笑，释之。时县尉李庭妻崔氏，有殊色⑥；贼至，为所掠，将妻之，崔氏大诟曰："我公卿家女，为士子妻，死乃缘命，岂受草贼污辱！"贼怒，刳其心而食，见者无不洒涕。（《山水小牍》）

【注释】

　　①王仙芝：濮州濮阳（今山东省鄄城县）人，唐朝末年起义

军领袖。

②微服将遁：换上百姓的衣服准备逃跑。

③溲面：和面。䭔：糕饼。

④移时：过了一段时间。

⑤漫语：即"谩语"，说谎。

⑥有殊色：长得很美丽。

做法百变的饆饠

饆饠亦写作"毕罗"，是一种有馅儿的面制点心。始于唐代，当时长安的长兴坊有胡人开的饆饠店。据史料，有蟹黄饆饠、樱桃饆饠、天花饆饠等，是当时颇为著名与普及的食物。应当是从少数民族地区传入的食品。但到了宋代，饆饠不再见于记载，可能名字已经更改或是食物制作方法已经失传。其外观、做法、特点今天已经无法考证。不过在很多史料当中，饆饠都留下了痕迹，我们可以从中看出饆饠在当时非常受欢迎，上自王公贵族，下至平民百姓，都吃这种食物，而且做法丰富多样。

赤母蟹，壳内黄赤膏如鸡鸭子共同，肉白如豕膏，实其壳中。淋以五味，蒙以细面①，为蟹黄饆饠，珍美可尚。（《岭表录异》②）

①蒙：包裹。

②《岭表录异》：地理杂记，全书共三卷，唐人刘恂撰。此书与《北户录》同系记述岭南异物异事之书，也是了解唐代岭南地区物产、民情的有用文献。

翰林学士每遇赐食①，有物若毕罗，形粗大，滋味香美，呼为诸王修事。(《卢氏杂记》)

【注释】

①翰林学士：始设于南北朝，唐玄宗时，翰林学士成为皇帝心腹，经常能升为宰相。

韩约能作樱桃饆饠①，其色不变。(《酉阳杂俎》)

【注释】

①韩约：字重革，曾任太府卿，迁左金吾卫大将军。大和九年(835)，韩约参与甘露之变，意图诛杀宦官，失败后，被神策军所杀。

柳璟知举年①，有国子监明经②，失姓名，昼梦依徒于监门。有一人，负衣囊，访明经姓氏，明经语之，其人笑曰："君来春及第。"明经遂邀入长兴里毕罗店，常所过处。店外有犬竞，惊曰："差矣。"梦觉，遽呼邻房数人，语其梦。忽见长兴店子入门曰③：

"郎君与客食毕罗，计二斤，何不计直而去也？"明经大骇，解衣质之，且随验所梦，相其榻器，省如梦中。乃谓店主曰："我与客俱梦中至是，客岂食乎？"店主惊曰："初怪客前毕罗悉完，疑其嫌置蒜也。"来春，明经与邻房三人中所访者，悉上第。（《酉阳杂俎》）

【注释】

①柳璟：唐文宗、唐武宗时期大臣，曾任礼部侍郎，两次主持科举考试。

②明经：明经与进士两科是唐朝科举的基本科目，唐代的"明经"科试帖经，以通经比例决定等第。考明经难度相对考进士较低。

③店子：店里的伙计。

槐叶冷淘让"诗圣"也迷恋

"槐叶冷淘"是唐代的一种很受欢迎的凉食，类似我们今天吃的冷面。做法是以面条与槐叶水等调和，切成饼、条、丝等形状，煮熟，用凉水淘洗之后食用。唐朝宫廷规定，夏日朝会燕飨，御厨供应给官员的食物当中，必须有槐叶冷淘，可见它原本是宫廷食品。但随着时间的推移，宫廷食品也逐渐传入市井之间，并将槐叶与面粉合制，"槐叶冷淘"演变为"翡翠面"，成为百姓在盛夏也能享受的消暑美味。"诗圣"杜甫对槐叶冷淘非常喜欢，还专门为这种食物写了一首诗，名字就是《槐叶冷淘》。此外，在《太平广记》《白孔六帖》等文献中，也对槐叶冷淘有着记载。

槐叶冷淘

杜 甫

青青高槐叶，采掇付中厨①。

新面来近市，汁滓宛相俱②。

入鼎资过熟③，加餐愁欲无。

碧鲜俱照箸④，香饭兼苞芦⑤。

经齿冷于雪，劝人投此珠⑥。

愿随金騕褭⑦，走置锦屠苏⑧。

路远思恐泥⑨，兴深终不渝⑩。

献芹则小小⑪，荐藻明区区⑫。

万里露寒殿⑬，开冰清玉壶⑭。

君王纳凉晚，此味亦时须⑮。

【注释】

①采掇：采摘。中厨：指厨房。

②汁滓：指将槐叶捣碎后得到的汁液和渣子。宛：凹陷。这里指和面时，把面粉堆成四周高、中间凹陷的火山口状，以

便倒入槐叶汁。相俱：混合在一起。

③鼎：这里泛指锅。资：拿取。过熟：指在水中煮熟。

④照箸：指凉面翠绿而鲜艳的颜色映照着筷子。

⑤香饭兼苞芦：指吃槐叶冷淘要配上鲜嫩的芦笋。

⑥劝人投此珠：诗人化用"明珠暗投"的典故，把槐叶冷淘比喻成令人惊艳的夜明珠，号召世人多推荐这道美食。

⑦金騕裹：配有金饰的骏马，代指皇帝派往民间采风的使者。

⑧走：运送。置：放置在。锦屠苏：屠苏是一种植物，也指画有屠苏的屋子，这种屋子当中酿出的酒叫屠苏酒。锦屠苏这里似指皇帝的御膳房。

⑨路远：指进献美食给皇帝的路途遥远。恐泥：道路泥泞难通。

⑩兴深：指向君王进献美食的愿望非常强。不渝：不因外界因素的影响而有所改变。

⑪献芹：典故出自《列子·杨朱》：过去有人在乡里的豪绅面前大肆吹嘘芹菜好吃，豪绅尝后，竟"蜇于口，惨于腹"。后来人们就用献芹谦称赠人的礼品菲薄或所提的建议较为浅陋。这里指自己所献美食微不足道。

⑫荐藻：典故出自《左传·隐公三年》："苟有明信，涧溪沼沚之毛，蘋蘩蕴藻之菜，筐筥锜釜之器，潢污行潦之水，可荐于鬼神，可羞于王公。"这里的意思与前面"献芹"相同。

⑬露寒殿：汉武帝避暑行宫甘泉宫当中的一座宫殿。此处借指唐朝皇帝的避暑地。

⑭开冰清玉壶：从深涧当中凿下的寒冰盛放在晶莹的玉壶里。诗人在这里遥想帝王在避暑行宫的大殿上饮着冰水乘凉。

⑮亦时须：也是现在这个酷暑时节必备的消暑食品。

野狐泉一姥善制水花冷淘①，切以吴刀，潦斗贮之，淘以洛酒，潦叶于铛耳中，过投于汤中，其疾徐鸣掌趁之不及，富子携金就食之，入洛苑。（《白孔六帖》②）

【注释】

①野狐泉：在陕西潼关西南。

②白孔六帖：唐代有《六帖》一书，为白居易所写。宋代有《后六帖》，为孔传所写。后世有人将这两本书合编在一起，称为《白孔六帖》。

时春初，风景和暖，吃冷淘一盘，香菜、茵陈之类①，甚为芳洁。（《逸史》②）

【注释】

①茵陈：指茵陈蒿，一种野菜，可凉拌、蒸食、煮粥，也可以入药。

②《逸史》：这里指唐人卢肇撰写的一本笔记小说。

太官令夏供槐叶冷淘。凡朝会燕飨^①，九品以上并供其膳食。（《唐六典》^②）

【注释】

①燕飨：亦作"燕享"。指以酒食祭神，泛指以酒食款待人。

②《唐六典》：全称《大唐六典》，是我国最早的一部行政法典。

"诗圣"笔下的菰米与香稻

《秋兴八首》是唐代大诗人杜甫寓居四川夔州时创作的以遥望长安为主题的组诗，是杜诗七律的代表作。八首诗合起来组成了一个完整的乐章，以忧思国家兴衰的爱国思想作为核心主题，以夔州的秋日萧瑟，诗人暮年多病、身世飘零，尤其是对祖国安危的沉重思考与担忧为基调，中间穿插一些欢快的抒情语句。每首诗都在以独特的表现手法，从多重角度表达作者的思绪。诗文当中涉及当时饮食的是最后两首，第七首回忆长安西南的昆明池，展现唐朝昔日国力昌盛时期的情境；第八首回忆当年与故友共游长安附近昆吾、御宿、渼陂等名胜时的豪情。

其 七

昆明池水汉时功[①]，武帝旌旗在眼中[②]。

织女机丝虚夜月[③]，石鲸鳞甲动秋风[④]。

波漂菰米沉云黑[⑤]，露冷莲房坠粉红[⑥]。

关塞极天惟鸟道[⑦]，江湖满地一渔翁[⑧]。

【注释】

①昆明池：位置在今西安市西南的斗门镇一带，至今有遗址留存。此池为汉武帝所建。《汉书·武帝纪》记载元狩三年（前120），武帝下令在长安仿昆明滇池而凿昆明池，以习水战。

②武帝：汉武帝，这里也暗指唐玄宗。唐玄宗为攻打南诏，曾在昆明池演练水军。旌旗：指楼船上的军旗。

③织女：汉代昆明池的西岸有织女石像，俗称石婆。机丝：织机及机上之丝。虚夜月：空对着天上明月。

④石鲸：指昆明池中的石刻鲸鱼。《三辅故事》记载："池中有豫章台及石鲸，刻石为鲸鱼，长三丈，每至雷雨，常鸣吼。鬐尾皆动。"汉代石鲸虽风化严重，但至今尚存，现藏陕西历史博物馆。

⑤菰（gū）：即茭白，草本植物，生长在浅水当中，叶似芦苇，根茎可食用。秋天结实，皮为黑褐色，状如米，故也称菰米，又名雕胡米。菰米从先秦时代起就是重要食物之一，《周礼》中将菰米列为六谷之一，但从宋朝开始，菰米逐渐退出餐桌，少

有人食用了。

⑥莲房：即莲蓬。坠粉红：指秋季莲蓬成熟，花瓣片片坠落。

⑦关塞：这里指杜甫所处的夔州山川。极天：极高。唯鸟道：形容道路高峻险要，只有飞鸟可以通过。这里指从夔州北望长安，只能看到崇山峻岭，杜甫恨自己没有翅膀，无法飞越。

⑧江湖满地：指诗人自己漂泊于江湖，苦无归宿。渔翁：指杜甫自己。

其 八

昆吾御宿自逶迤①，紫阁峰阴入渼陂②。
香稻啄馀鹦鹉粒③，碧梧栖老凤凰枝④。
佳人拾翠春相问⑤，仙侣同舟晚更移⑥。
彩笔昔曾干气象⑦，白头吟望苦低垂⑧。

【注释】

①昆吾：上林苑当中的地名，在今陕西蓝田县西。《汉书·扬雄传》："武帝广开上林，东南至宜春、鼎湖、昆吾。"御宿：即御宿川。《三辅黄图》卷四："御宿苑，在长安城南御宿川中。汉武帝为离宫别院，禁御人不得入。往来游观，止宿其中，故曰御宿。"逶迤：形容道路曲折。

②紫阁峰：终南山峰名，在今陕西户县东南。阴：山之北、水之南，称阴。渼（měi）陂（bēi）：水名，在今陕西户县西，唐

朝时是风景名胜之地。陂，池塘、湖泊。

③香稻啄馀鹦鹉粒：就算是剩下的香稻粒，也是鹦鹉吃剩下的。

④碧梧栖老凤凰枝：就算碧梧枝老，那也是凤凰栖息的地方。这是写渼陂物产之美，到处都是珍禽异树。

⑤拾翠：拾取翠鸟的羽毛。相问：赠送礼物。

⑥仙侣：指春游的伴侣，"仙"这里代表美好。晚更移：指天色已晚，还要移船前往其他地方，以尽游赏之兴。

⑦彩笔：五彩之笔，喻指华美艳丽的文笔。干气象：谓上面的几首诗描绘尽了自然景象。

⑧白头：指年老。望：指望京城。

常见常新的馎饦

馎饦也是古代的一种常见食物，南北朝的贾思勰《齐民要术·饼法》对馎饦的做法有详细描述："馎饦，接如大指许，二寸一断，著水盆中浸。宜以手向盆旁接使极薄，皆急火逐沸熟煮。非直光白可爱，亦自滑美殊常。"简单说就是面片扯成拇指大小，水煮加调料，是唐人比较常见的主食，属于"汤饼"之一。

至如不托，言旧未有刀机之时，皆掌托烹之，刀机既有，

乃云"不托"。今俗字有"馎饦"，乖之且甚。（《资暇集》^①）

【注释】

①资暇集：又作《资暇录》，三卷，唐代考据辨证类笔记，李匡文撰。

沂、密间有一僧，常行井廛间^①，举止无定，如狂如风。邸店之家，或有爱惜宝货，若来就觅，即与之；虽是贵物，亦不敢拒。且若舍之，暮必获十倍之利。由是人多爱敬，无不迎之。往往直入人家云；"贫道爱吃脂葱杂𪌶馎饦^②，速即煮来。"人家见之，莫不延接。及方就食将半，忽舍起而四顾。忽见粪土或干驴粪，即手捧投于椀内，自掴其口言曰："更敢贪嗜美食否？"则食尽而去。然所历之处，必寻有异事。其后河水暴溢，州城沉者数版。州人恐惧，皆登陴危坐，立于城上。水益涨，顷刻去女墙头数寸^③，城人号哭，数十万众，命在须臾。此僧忽大呼而来曰："可惜了一城人命，须与救取。"于是自城上投身洪波中，躯质以沉，巨浪随陷五尺。及日晚，城壁皆露。明旦，大水益涸。州人感僧之力，共追痛，相率出城，沿流涕泣而寻其尸。忽于城西河水中小洲之上，见其端然而坐，方袍俨然。大众懽呼云^④："和尚在。"就问，则已溺死矣。乃以輦舁起赴近岸，数百之众，莫可举动。又其洲上淤泥，不可起塔庙。相顾计议未决，经宿，其涂泥涌高数尺，地变黄土，坚若山阜，就建巨塔，至今在焉。（《金华子杂编》^⑤）

【注释】

①廛：古代指一户人家所住的房屋。

②脂葱：油炸葱。麪：面粉。

③女墙：在城墙上筑起的墙垛。

④懽呼：欢乐地呼喊。

⑤《金华子杂编》：南唐人刘崇远撰。书中所载多为晚唐朝野之故事，如将相、藩镇、文章、神怪之类，内容丰富，多可补正史之不足。

地黄粥滋阴又亲民

地黄是常见的中药材，经过炮制的熟地黄可以补血滋阴，益精填髓，在此基础上制作的地黄粥也是当时不错的食品，平民百姓也可以享用。

春　寒

白居易

今朝春气寒，自问何所欲。

酥暖薤白酒①，乳和地黄粥②。

岂惟厌馋口，亦可调病腹。

助酌有枯鱼，佐餐兼旨蓄。

省躬念前哲，醉饱多惭忸。

君不闻靖节先生尊长空③，广文先生饭不足④。

【注释】

①薤白：百合科葱属植物。根色白，作药用，名薤白。其鳞茎可以入药，也可作蔬菜食用。

②地黄粥：生地黄汁二合，粟米一合，粳米一合，诃黎勒（炮制，去核，为末）半两，盐花少许。

③靖节先生：指陶渊明，自号"五柳先生"，私谥"靖节"，东晋末至南朝宋著名诗人、辞赋家。

④广文先生：指郑虔，唐代文学家、书法家、画家。

丰富的民间菜肴

鱼脍的魅力跨越千年

鱼脍，也就是我们今天说的生鱼片，又叫鱼生，古称鱼脍或鱼鲙，是将新鲜的鱼贝类生切成片，蘸调味料食用的食物。在东汉时，吃生鱼片已经很流行，当时的广陵太守陈登很爱吃生鱼脍，但因过量食用而得病，后经名医华佗医治得以康复，但后来仍然大吃生鱼片，最终病死，可见鱼脍的魅力。

著名才子曹植也是鱼脍的忠实粉丝，他的《名都篇》里有"脍鲤臇胎虾，炮鳖炙熊蹯"的诗句，是将生鱼片蘸虾酱吃。

南北朝时的金齑玉脍，是这方面的名菜。是以蒜、姜、橘、白梅、熟粟黄、粳米饭、盐、酱八种作料制成的"八和齑"蘸料来吃鱼脍。

隋朝时，隋炀帝曾表示"所谓金齑玉脍，东南佳味也"，可见隋炀帝对鱼脍也是很喜爱。

到了唐朝，食用鱼脍达到了顶峰，从宫廷到民间都流行吃鱼脍。大诗人李白、杜甫、王维、王昌龄、白居易、夏彦谦等人都写过关于鱼脍的诗句。也是在这一时期，鱼脍从中国传至日本，后来成为日本料理的重要组成部分，并流传至今。

岘潭作

孟浩然

石潭傍隈隩^①，沙岸晓夤缘^②。

试垂竹竿钓，果得槎头鳊^③。

美人骋金错^④，纤手脍红鲜^⑤。

因谢陆内史^⑥，莼羹何足传^⑦。

【注释】

①隈隩：曲折幽深的山坳河岸。

②夤缘：攀缘。

③槎头鳊：一种青色的味道鲜美的鱼类。

④金错：金错刀。张衡《四愁诗》："美人赠我金错刀，何以报之英琼瑶。"

⑤红鲜：指代鱼。

⑥陆内史：指晋朝人陆机，曾任平原内史。

⑦莼羹：用莼菜烹制的羹。典出《晋书·张翰传》中张翰为

到了唐朝，食用鱼脍达到了顶峰，从宫廷到民间都流行吃鱼脍。大诗人李白、杜甫、王维、王昌龄、白居易、夏彦谦等人都写过关于鱼脍的诗句。也是在这一时期，鱼脍从中国传至日本，后来成为日本料理的重要组成部分，并流传至今。

岘潭作

孟浩然

石潭傍隈隩[①]，沙岸晓夤缘[②]。

试垂竹竿钓，果得槎头鳊[③]。

美人骋金错[④]，纤手脍红鲜[⑤]。

因谢陆内史[⑥]，莼羹何足传[⑦]。

【注释】

①隈隩：曲折幽深的山坳河岸。

②夤缘：攀缘。

③槎头鳊：一种青色的味道鲜美的鱼类。

④金错：金错刀。张衡《四愁诗》："美人赠我金错刀，何以报之英琼瑶。"

⑤红鲜：指代鱼。

⑥陆内史：指晋朝人陆机，曾任平原内史。

⑦莼羹：用莼菜烹制的羹。典出《晋书·张翰传》中张翰为

家乡的莼羹弃官的故事，诗人在此用在陆机身上系误记。

春末夏初闲游江郭二首

白居易

闲出乘轻屐，徐行蹋软沙。

观鱼傍溢浦^①，看竹入杨家。

林迸穿篱笋，藤飘落水花。

雨埋钓舟小，风飏酒旗斜^②。

嫩剥青菱角^③，浓煎白茗芽^④。

淹留不知夕，城树欲栖鸦。

柳影繁初合，莺声涩渐稀。

早梅迎夏结，残絮送春飞。

西日韶光尽，南风暑气微。

展张新小簟，熨帖旧生衣。

绿蚁杯香嫩^⑤，红丝脍缕肥。

故园无此味，何必苦思归。

【注释】

①溢浦：溢江，又名溢水、龙开河。源出今江西省九江市瑞昌市西南的清溢山，东流穿过江西省九江市西部，北经溢浦口流入长江。

②飏：通"扬"。

③菱角：又名腰菱、水栗、菱实等，是一种菱科菱属一年生草本水生植物菱的果实。菱角皮脆肉美，蒸煮后剥壳食用，亦可熬粥食用。

④煎：指煎茶，是唐代流行的饮茶方式。白茗芽：代指茶叶。

⑤绿蚁：指浮在新酿的没有过滤的米酒上的绿色泡沫。新酿的酒还未滤清时，酒面浮起酒渣，色微绿（即绿酒），细如蚁（即酒的泡沫），称为"绿蚁"。

南人鱼脍，以细缕金橙拌之①，号曰金齑玉脍②。（《隋唐嘉话》③）

【注释】

①细缕金橙：切成丝的橘子与橙子的皮。

②齑（jī）：整。

③《隋唐嘉话》：唐代笔记小说集，主要记载南北朝至唐开元年间历史人物的言行事迹，以唐太宗和武后两朝为多。

湖中寄王侍御

丘 为

日日湖水上，好登湖上楼。

终年不向郭，过午始梳头。

尝自爱杯酒，得无相献酬。

小僮能脍鲤，少妾事莲舟。

每有南浦信，仍期后月游。

方春转摇荡，孤兴时淹留。

骢马真傲吏①，翛然无所求②。

晨趋玉阶下，心许沧江流。

少别如昨日，何言经数秋。

应知方外事，独往非悠悠。

【注释】

①骢马：青白色相杂的马。傲吏：不为礼法所屈的官吏。

②翛然：无拘无束的样子。

洛阳女儿行

王　维

洛阳女儿对门居①，才可颜容十五余②。

良人玉勒乘骢马③，侍女金盘脍鲤鱼④。

画阁朱楼尽相望，红桃绿柳垂檐向。

罗帷送上七香车⑤，宝扇迎归九华帐⑥。

狂夫富贵在青春⑦，意气骄奢剧季伦⑧。

自怜碧玉亲教舞⑨，不惜珊瑚持与人⑩。

春窗曙灭九微火⑪，九微片片飞花琐⑫。

戏罢曾无理曲时，妆成祇是熏香坐⑬。

城中相识尽繁华，日夜经过赵李家⑭。

谁怜越女颜如玉⑮，贫贱江头自浣纱。

【注释】

①洛阳女儿：梁武帝萧衍《河中之水歌》中有"河中之水向东流，洛旧女儿名莫愁"的诗句。

②才可：恰好。十五余：十五六岁。南朝梁简文帝《怨歌行》："十五颇有余。"

③良人：古代妻子对丈夫的尊称。玉勒：有玉石装饰的辔头。

④脍鲤鱼：切成薄片的鲤鱼肉。脍，指把鱼、肉切成薄片。

⑤罗帷：丝织的帘帐。七香车：以七种香木制作的车。

⑥宝扇：古代贵妇外出的遮蔽物，以鸟羽编成。九华帐：颜色鲜艳的花罗帐。

⑦狂夫：拙夫，古代女子对自己丈夫的谦辞。

⑧剧：这里指可以轻视石崇。季伦：晋代大臣石崇字季伦，家中极为富有。

⑨怜：爱怜。碧玉：这里指洛阳女儿。

⑩这句诗出自《世说新语·侈汰》：王恺以晋武帝所赐的二尺珊瑚展示给石崇看，石崇用铁如意将其击碎。王恺大怒，石崇派人搬出三四尺高的珊瑚六七枝赔偿给他。

⑪九微火：汉武帝供王母使用的灯，这里泛指灯火。

⑫片片：指灯花。花琐：雕花的连环形窗格。

⑬熏香：这里作动词，用香料熏衣服。

⑭赵李家：指汉成帝的皇后赵飞燕、婕妤李平，这里泛指贵戚之家。

⑮越女：指春秋时越国的美女西施。

阌乡姜七少府设脍①，戏赠长歌

杜　甫

姜侯设脍当严冬，昨日今日皆天风②。

河冻未渔不易得，凿冰恐侵河伯宫③。

饔人受鱼鲛人手④，洗鱼磨刀鱼眼红。

无声细下飞碎雪⑤，有骨已剁觜春葱⑥。

偏劝腹腴愧年少⑦，软炊香饭缘老翁。

落砧何曾白纸湿⑧，放箸未觉金盘空⑨。

新欢便饱姜侯德⑩，清觞异味情屡极⑪。

东归贪路自觉难⑫，欲别上马身无力⑬。

可怜为人好心事，于我见子真颜色。

不恨我衰子贵时，怅望且为今相忆。

【注释】

①阌乡：唐代县名，在今河南省灵宝市西北。少府：这里指县尉。脍：细切的鱼肉。

②天风：很大的风。

③河伯：河神，传说名冯夷，华阴潼乡人，在河中沐浴时

溺死，死后成为河伯。

④饔人：厨师。鲛人：这里指渔民。

⑤无声细下：形容刀工非常精良。碎雪：比喻鱼肉的白嫩。

⑥觜春葱：形容鱼嘴部分非常鲜美，而且肉质脆嫩。

⑦偏：特意。腹腴：鱼腹上的软肉。愧年少：指对自己年老感觉哀伤。

⑧砧：菜板。何曾白纸湿：切鱼时不洗，放在纸上以防打滑。

⑨放箸未觉金盘空：痛快地吃鱼没发现盘子已经空了。

⑩新欢：新朋友。

⑪清觞异味：即美酒佳肴。

⑫东归：向东前往洛阳。贪路：急着赶路。

⑬身无力：不忍分别。

送程六

王昌龄

冬夜伤离在五溪，青鱼雪落鲙橙齑①。

武冈前路看斜月，片片舟中云向西。

【注释】

①青鱼：鱼的一种，形如草鱼，但较细而圆，青黑色，腹部银白色，是我国主要的淡水养殖鱼类之一，也叫黑鲩。橙齑：橙子酱。

拟古十二首①·今日风日好

李 白

今日风日好，明日恐不如。

春风笑于人，何乃愁自居。

吹箫舞彩凤，酌醴鲙神鱼①。

千金买一醉，取乐不求余。

达士遗天地，东门有二疏。

愚夫同瓦石，有才知卷舒。

无事坐悲苦，块然涸辙鲋②。

【注释】

①《拟古十二首》是李白的组诗，是李白在多个不同时期写的作品，有写行旅之苦，也有叹遇合之难，也有感恨人生苦短的，这里摘录其中与鱼脍有关的一首。

②酌醴鲙神鱼：言酒肴之美。嵇康《杂诗》："鸳鸯酌醴，神鼎烹鱼。"曹植《仙人篇》："玉樽盈桂酒，河伯献神鱼。"

③块然：孑然独处的状态。涸辙鲋：比喻人处穷困之境。典出《庄子》。

轻　肥①

白居易

意气骄满路②，鞍马光照尘③。

借问何为者④，人称是内臣⑤。

朱绂皆大夫⑥，紫绶悉将军⑦。

夸赴军中宴⑧，走马去如云。

樽罍溢九酝⑨，水陆罗八珍⑩。

果擘洞庭橘⑪，脍切天池鳞⑫。

食饱心自若⑬，酒酣气益振。

是岁江南旱，衢州人食人⑭！

【注释】

①轻肥：轻裘肥马的简称，代指达官贵人的奢侈生活。

②意气：意态与神气。骄满路：骄纵的神气充塞道路。

③鞍马：指马匹及马鞍上面装饰的华贵金银器物。

④借问：请问。何为者：是干什么的。

⑤内臣：这里指皇帝身边的宦官。

⑥朱绂（fú）：系官印的丝带，这里借指服色。唐代五品以上官员穿朱红色的衣服。

⑦紫绶：系官印的紫色带子，这是只有高官才能用的，这里借指服色。唐代三品以上官员穿紫色衣服。

⑧军：这里指左右神策军，是保卫唐朝皇帝的禁军之一。

⑨樽罍（léi）：指盛酒的器皿。九酝：美酒名。

⑩水陆：指水中与陆地产的各种珍贵食物。八珍：这里泛指各类美食。

⑪擘（bò）：剖开。洞庭橘：太湖洞庭山出产的橘子，这里泛指珍贵的水果。

⑫脍切：用细切的鱼肉做成菜肴。天池：帝王园囿当中的池塘，也有人认为指大海。

⑬自若：坦然自得。

⑭衢州：唐代州名，在今浙江省。

松江亭携乐观渔宴宿

白居易

震泽平芜岸，松江落叶波。

在官常梦想，为客始经过。

水面排罾网①，船头簇绮罗。

朝盘鲙红鲤，夜烛舞青娥。

雁断知风急，潮平见月多。

繁丝与促管②，不解和渔歌。

【注释】

①罾网：古代一种用木棍或竹竿做支架的方形渔网。

②繁丝与促管：指管弦之音繁密而急促。

夏日访友

唐彦谦

堤树生昼凉，浓阴扑空翠。

孤舟唤野渡，村疃入幽邃。

高轩俯清流，一犬隔花吠。

童子立门墙，问我向何处。

主人闻故旧，出迎时倒屣①。

惊讶叙间阔，屈指越寒暑。

殷勤为延款，偶尔得良会。

春盘擘紫虾，冰鲤斫银鲙。

荷梗白玉香，荇菜青丝脆。

腊酒击泥封②，罗列总新味。

移席临湖滨，对此有佳趣。

流连送深杯，宾主共忘醉。

清风岸乌纱，长揖谢君去。

世事如浮云，东西渺烟水。

【注释】

①倒屣：倒穿着鞋。古人在家是脱鞋席地而坐。客人到来，因急于出迎，结果把鞋穿倒了。后来就用"倒屣"形容主人热情迎客。

②腊酒：腊月酿制的酒，指腊月里自酿的米酒。腊酒在开春之后饮用，口感醇美。

元颜中表间有一妇人从夫南中①，曾误食一虫。常疑之，由是成疾，频疗不损，请看之。医者知其所患。乃请主人姨奶中谨密者一人②，预戒之曰："今以药吐泻，但以盘盂盛之。当吐之时，但言有一小虾蟆走去。然切不得令病者知是诳绐也③。"其奶仆遵之，此疾永除。

又有一少年，眼中常见一小镜子。俾医工赵卿诊之。与少年期，来晨以鱼鲙奉候。少年及期赴之。延于内，且令从容。候客退后方接。俄而设台子，止施一瓯芥醋④，更无他味，卿亦未出。迨禺中，久候不至。少年饥甚，且闻醋香，不免轻啜之⑤。逡巡又啜之。觉胸中豁然，眼花不见，因竭瓯啜之。赵卿知之，方出。少年以啜醋惭谢。卿曰："郎君先因吃鲙太多，酱醋不快。又有鱼鳞在胸中，所以眼花。适来所备酱醋，只欲郎君因饥以啜之。果愈此疾。烹鲜之会，乃权诈也。请退谋朝餐。"他妙多斯类也。（《北梦琐言》）

【注释】

①中表：与祖父、父亲的姐妹的子女的亲戚关系。

②谨密者：办事非常细心的人。

③诳绐：欺骗，谎骗。

④瓯：中国古代酒器，形似小碗。

⑤啜：喝，尝。

　　和州刘录事者，大历中，罢官居和州旁县。食兼数人，尤能食鲙，常言鲙味未尝果腹。邑客乃网鱼百余斤，会于野亭，观其下箸。初食鲙数叠①，忽似哽，咯出一骨珠子，大如黑豆，乃置于茶瓯中，以叠覆之。食未半，怪覆瓯倾侧，刘举视之，向者骨珠已长数寸，如人状。座客竞观之，随视而长。顷刻长及人，遂捽刘②，因殴流血。良久，各散走。一循厅之西，一转厅之左，俱及后门相触，翕成一人③，乃刘也，神已痴矣。半日方能言，访其所以，皆不省。自是恶鲙。

　　荆人道士王彦伯天性善医，尤别脉。断人生死寿夭，百不差一。裴胄尚书有子，忽暴中病。众医拱手。或说彦伯，遽迎使视之。候脉良久，曰："都无疾。"乃煮散数味，入口而愈。裴问其状，彦伯曰："中无鳃鲤鱼毒也。"其子实因鲙得病。裴初不信，乃鲙鲤鱼无鳃者，令左右食之。其疾悉同。始大惊异焉。(《酉阳杂俎》)

【注释】

　　①叠：碟子。

　　②捽：抓住。

　　③翕：合。

　　永徽中①，有崔爽者。每食生鱼，三斗乃足。于后饥，作鲙

未成，爽忍饥不禁，遂吐一物，状如虾蟆。自此之后，不复能食鲙矣。(《朝野佥载》)

【注释】

①永徽：650年—655年，是唐高宗李治的年号。

句容县佐史能啖鲙至数十斤，恒吃不饱。县令闻其善啖，乃出百斤，史快食至尽。因觉气闷，久之，吐出一物，状如麻鞋底。县令命洗出，安鲙所，鲙悉成水。累问医人术士，莫能名之。令小吏持往扬州卖之，冀有识者。诫之："若有买者，但高举其价，看至几钱。"其人至扬州，四五日，有胡求买。初起一千，累增其价。到三百贯文，胡辄还之。初无酬酢①。人谓胡曰："是句容县令家物，君必买之，当相随去。"胡因随至句容。县令问此是何物，胡云："此是销鱼之精，亦能销人腹中块病。人有患者，以一片如指端，绳系之，置病所。其块既销。我本国太子，少患此病，父求愈病者，赏之千金。君若见卖，当获大利。"令竟卖半与之。(《广异记》)

【注释】

①酬酢：原义是主客互相敬酒，后泛指应酬。

建成常往温汤①，纲时以疾不从②。有进生鱼于建成者，将召饔人作鲙③。时唐俭、赵元楷在座④，各自赞能为鲙，建成从之，既而谓曰："飞刀鲙鲤，调和鼎食，公实有之；至于审谕弼谐⑤，固属于李纲矣。"于是遣使送绢二百匹以遗之。

【注释】

①建成：即李建成，唐高祖李渊长子，唐太宗李世民兄长，一度被封太子，后在玄武门之变中被杀。

②纲：指李纲，隋唐时期名臣，曾先后教导隋文帝太子杨勇、唐高祖太子李建成、唐太宗太子李承乾，但这三位太子无一最终继位。

③饔人：厨师。

④唐俭，字茂约，并州晋阳人，唐朝名将。赵元楷：唐朝佞臣。

⑤审谕：太子的师傅对太子的教导。弼谐：辅佐协调。

越州有卢册者，举秀才①，家贫，未及入京。在山阴县顾树村知堰，与表兄韩确同居。自幼嗜鲙，尝凭吏求鱼。韩方寐，梦身为鱼，在潭有相忘之乐②。见二渔人，乘艇张网，不觉身入网，被取掷桶中，覆之以苇。复睹所凭吏，就潭商价。吏即揭鳃贯绠，楚痛殆不可忍。及至舍，历认妻子、奴仆。有顷，置砧斫之，苦若脱肤，首落方觉。神痴良久，卢惊问之，具述所梦。遽呼吏，访所市鱼处，泊渔子形状，与梦不差。韩后入释③，住祇园寺，时开成二年也④。（《酉阳杂俎》）

【注释】

①秀才：唐宋时期所有参加各级科举考试的人都可以称为

秀才，与明清的秀才有差别。

②相忘之乐：典故出自《庄子·大宗师》："泉涸，鱼相与处于陆，相呴以湿，相濡以沫，不如相忘于江湖。"形容鱼在江湖当中悠然自在的乐趣。

③入释：出家当和尚。

④开成二年：公元 837 年。开成（836—840）为唐文宗年号。

十远羹集山珍海味于一身

我们提到美味的食物往往用"山珍海味"来形容，不过山珍海味由于味道各有特点，因此要将其整合到一道菜里其实还是有难度的，十远羹就是其中的代表，将多种鲜美的食材集合在一起，加入调味汁，非常鲜美。

石耳①、石发②、石线、海紫菜、鹿角脂菜③、天花蕈浸渍自然水澄清④，与三汁相和，盐酏庄严④（盐及酒酿加足），多汁为良。十品不足，听阙，忌入别物，恐伦类杂，则风韵去矣。（《清异录》）

【注释】

①石耳，别名石木耳、岩菇、脐衣、石壁花。因其形似耳，并生长在悬崖峭壁阴湿石缝中而得名。

②石发：生于水边石上的苔藻。

③鹿角脂菜：多年生草本海藻，因形似鹿角而得名。

④天花蕈：一种可食用的蘑菇。

⑤酎：重酿的醇酒。

姜汁与消梨、蛇肉都是良药

古代有一句经典的论断——"医食同源"，我国古代的中药和吃的食物是有着密切的关系的，很多日常不起眼的食物在某些特殊情况下摇身一变就是一味良药。姜与消梨就是其中的代表。

唐崔铉镇渚宫①。有富商船居。中夜暴亡，待晓，气犹未绝。邻房有武陵医工梁新闻之。乃与诊视曰："此乃食毒也。三两日非外食耶？"仆夫曰："主翁少出舫，亦不食于他人。"梁新曰："寻常嗜食何物？"仆夫曰："好食竹鸡②，每年不下数百只。近买竹鸡，并将充馈。"梁新曰："竹鸡吃半夏③。必是半夏毒也。"命捣姜捩汁撒④，折齿而灌，由是而苏。崔闻而异之，召至，安慰称奖。资以仆马钱帛入京，致书于朝士，声名大振。

仕至尚药奉御。有一朝士诣之，梁曰："何不早见示？风疾已深矣。请速归，处置家事，委顺而已⑤。"朝士闻而惶遽告退，策马而归。时有郴州马医赵鄂者，新到京都。于通衢自榜姓名，云攻医术。此朝士下马告之，赵鄂亦言疾危，与梁生之说同。谓曰："即有一法，请官人剩吃消梨⑥，不限多少。咀龁不及，捩汁而饮。或希万一。"此朝士又策马而归。以书筒质消梨，马上旋龁。行到家，旬日唯吃消梨，烦觉爽朗，其恙不作。却访赵生感谢，又访梁奉御，且言得赵生所教。梁公惊异，且曰："大国必有一人相继者。"遂召赵生，资以仆马钱帛，广为延誉，官至太仆卿。（《北梦琐言》）

【注释】

①崔铉（生卒年不详）：字台硕，唐朝宰相，义成军节度使崔元略之子。

②竹鸡：羽毛艳丽的一种观赏鸟类。

③半夏：又名地文、守田等，可以入药，有较大的毒性。

④捣姜：中医用姜能够解半夏的毒性。捩汁：榨汁。

⑤委顺：顺其自然。

⑥消梨：也叫香水梨，一种常见水果。

泉州有客卢元钦染大风①，唯鼻根未倒。属五月五日，官取蚺蛇胆欲进，或言肉可治风，遂取一截蛇肉食之。三五日顿渐可，百日平复。

又商州有人患大风，家人恶之，山中为起茅舍。有乌蛇坠酒罂中，病人不知，饮酒渐差。罂底见蛇骨，方知其由也。（《朝野佥载》）

①大风：疠风，即麻风病，一种慢性传染病。

澡豆能吃又能闹笑话

澡豆顾名思义其实就是洗澡时用的豆子，作用类似今天的沐浴露，是古代民间洗涤用的粉剂，是用豆粉添加药品、香料等物品制成的，呈粉状。用以洗手、洗脸，可以让皮肤变得润滑有光泽。澡豆从生活习惯来看并不是食物，但由于是用豆粉、天然香料等制成，其实是可以吃的，只是会被人笑话。

予门吏陆畅，江东人，语多差误，轻薄者多加诸以为剧语。予为儿时，常听人说陆畅初娶董溪女，每旦，群婢捧匜^①，以银奁盛澡豆^②，陆不识，辄沃水服之。其友生问："君为贵门女婿，几多乐事？"陆云："贵门礼法甚有苦者，日俾予食辣虀^③，殆不可过。"近览《世说新书》云：王敦初尚公主^④，如厕，见漆箱盛干枣，本以塞鼻，王谓厕上下果，食至尽。既还，婢擎金漆盘贮水，琉璃碗进澡豆，因倒著水中，既饮之，群婢莫不掩口。

【注释】

①匜：一种洗手盆。

②澡豆：作用类似肥皂的洗浴用品，以猪胰糊、豆粉、香

料混合制成。

③辣麨：辛辣的炒面。

④王敦：东晋初期权臣。尚公主：娶公主为妻。

杏酪浆使人长寿

大唐开国之初，唐高祖曾追认道家代表人物李耳为先祖，因此唐代道教盛行，民间对修仙及隐居山川之中的术士的各种传闻都非常感兴趣，也因此产生了各类相关的传说，代表了人们对超脱俗世的向往，下面的两个故事就是其中的代表。

同州司马裴沉常说，再从伯自洛中将往郑州①，在路数日，晚程偶下马，觉道左有人呻吟声，因披蒿莱寻之。荆丛下见一病鹤，垂翼俛咮②，翅关上疮坏无毛，且异其声。忽有老人，白衣曳杖，数十步而至，谓曰："郎君年少，岂解哀此鹤耶？若得人血一涂，则能飞矣。"裴颇知道，性甚高逸，遽曰："某请刺此臂血不难。"老人曰："君此志甚劲，然须三世是人，其血方中。郎君前生非人，唯洛中葫芦生三世是人矣。郎君此行非有急切，可能却至洛中，干葫芦生乎？"裴欣然而返。未信宿至洛③，乃访葫芦生，具陈其事，且拜祈之。葫芦生初无难色，开襆取一石合，大若两指，援针刺臂，滴血下满其合，授裴曰："无多言也。"

及至鹤处，老人已至，喜曰："固是信士。"乃令尽其血涂鹤。言与之结缘，复邀裴曰："我所居去此不远，可少留也。"裴觉非常人，以丈人呼之，因随行。才数里，至一庄，竹落草舍，庭庑狼藉。裴渴甚求茗，老人一指一土瓮："此中有少浆，可就取。"裴视瓮中有一杏核，一扇如笠，满中有浆，浆色正白，乃力举饮之，不复饥渴。浆味如杏酪。裴知隐者，拜请为奴仆。老人曰："君有世间微禄④，纵住亦不终其志。贤叔真有所得，吾久与之游，君自不知。今有一信，凭君必达。"因裹一幞物，大如羹碗，戒无窃开。复引裴视鹤，鹤所损处毛已生矣。又谓裴曰："君向饮杏浆，当哭九族亲情，且以酒色为诫也。"

裴还洛，中路闷其附信，将发之，幞四角各有赤蛇出头，裴乃止。其叔得信即开之，有物如干大麦饭升余。其叔后因游王屋，不知其终。裴寿至九十七矣。(《酉阳杂俎》)

【注释】

①再从伯：与父亲拥有同一曾祖的兄弟。再从，有同一曾祖父的亲属。

②俛：俯。咮：鸟嘴。

③信宿：这里指两夜。

④微禄：官位。

异域美味引人入胜

大唐开放自信，联通四海，世界各国的使臣、客商不断往来，也将天下间的各种传闻与奇闻逸事带到了中国，其中就包含各种美食美味，让我们看看一千多年前传闻中的一些珍奇食物吧。

阿萨部多猎虫鹿①，剖其肉，重叠之，以石压沥汁。税波斯、拂林等国米及草子②，酿于肉汁之中，经数日即变成酒，饮之可醉。(《酉阳杂俎》)

【注释】

①阿萨：突厥部落名。虫鹿：泛指各类动物。

②税：这里指购买。波斯：今伊朗。拂林：古罗马。

犒劳壮士、彰显个性的蒸犊

中国人吃牛的历史可谓久远，商朝时牛肉已经是常见的大规模祭祀用品与食材了，到了汉代，《礼记》当中记载的牛肉吃法就有牛炙（烤牛排）、酱牛肉、牛肉条，牛肉制作有捣珍（煮熟入味后晾干成牛肉干）、渍（生牛肉切片用酒腌制）、熬、糁四种。但从汉代开始，因为牛是耕作的主力，因此朝廷往往对杀牛有诸多限制。唐代也是如此，原因还有就是《新唐书·韩混传》中记载的"又以贼非牛酒不啸结乃禁屠牛，以绝其谋"。不过美食的诱惑还是难以抵挡的，因此牛肉从来没有真正从餐桌上消失，我们依然能够在文献当中找到相关的记载，如下面的蒸犊。

建中初，士人韦生，移家汝州。中路逢一僧，因与连镳^①，言论颇洽。日将衔山，僧指路谓曰："此数里是贫道兰若，郎君岂不能左顾乎？"士人许之，因令家口先行。僧即处分步者先排比^②。行十余里，不至，韦生问之，即指一处林烟曰："此是矣。"又前进，日已没，韦生疑之，素善弹，乃密于靴中取弓卸弹，怀铜丸十余，方责僧曰："弟子有程期，适偶贪上人清论，勉副相邀。今已行二十里不至，何也？"僧但言且行。至是，僧前行百余步，韦知其盗也，乃弹之。正中其脑，僧初不觉，凡五发中之，僧始扪中处，徐曰："郎君莫恶作剧。"韦知无奈何，亦不复弹。

见僧方至一庄，数十人列炬出迎。僧延韦坐一厅中，唤云："郎君勿忧。"因问左右："夫人下处如法无？"复曰："郎君且自慰安之，即就此也。"韦生见妻女别在一处，供帐甚盛^③，相顾涕泣。即就僧，僧前执韦生手曰："贫道，盗也。本无好意，不知郎君艺若此，非贫道亦不支也。今日故无他，幸不疑也。适来贫道

《秋渚文禽图》

　　中国人吃鸭已经有五千多年的历史。在唐朝，鸭肉也是常见的食品，今天脍炙人口的烤鸭就起始于这一时期。此外，鸭花汤饼、鸭蛋等，也是常见的美食。

　　这幅图描绘了唐代宫廷仕女宴乐生活的一个场面。桌上陈列着蔬果、酒具，有的饮酒，有的作乐，女孩立在后面打拍板，有的弹琵琶，有的鼓瑟，有的吹笙，由此可以看出唐代宫廷美食及器具的一些特点。

《宫乐图》(局部)

《野蔬草虫图》

　　唐代的蔬菜种类已经很多，除了常规的种植蔬菜之外，各类野菜也经常出现，如茵陈、蕨菜、薇菜等，食用方式除了蒸、煮、炖之外，还有做馅儿、腌菜等。

所中郎君弹悉在。"乃举手搦脑后④，五丸坠地焉。盖脑衔弹丸而无伤，虽《列》言"无痕挞"、《孟》称"不肤挠"，不啻过也。有顷布筵，具蒸犊，犊上剼刀子十余⑤，以蔺饼环之⑥。揖韦生就坐，复曰："贫道有义弟数人，欲令伏谒。"言未已，朱衣巨带者五六辈，列于阶下。僧呼曰："拜郎君，汝等向遇郎君，则成蔺粉矣。"食毕，僧曰："贫道久为此业，今向迟暮，欲改前非。不幸有一子，技过老僧，欲请郎君为老僧断之。"乃呼飞飞出参郎君。飞飞年才十六七，碧衣长袖，皮肉如脂。僧叱曰："向后堂侍郎君。"僧乃授韦一剑及五丸，且曰："乞郎君尽艺杀之，无为老僧累也。"引韦入一堂中，乃反锁之。堂中四隅，明灯而已。飞飞当堂执一短马鞭，韦引弹，意必中，丸已敲落。不觉跳在梁上，循壁虚摄，捷若猱玃⑦，弹丸尽不复中。韦乃运剑逐之，飞飞倏忽逗闪，去韦身不尺。韦断其鞭节，竟不能伤。僧久乃开门，问韦："与老僧除得害乎?"韦具言之。僧怅然，顾飞飞曰："郎君证成汝为贼也，知复如何?"

僧终夕与韦论剑及弧矢之事。天将晓，僧送韦路口，赠绢百疋，垂泣而别。(《酉阳杂俎》)

【注释】

①连镳：并马而行。镳：马辔头。

②排比：安排。

③供帐：日常用品。

④搦：按住。

⑤劙：插、扎。

⑥齑：腌菜切成的碎末。

⑦猱玃：猴子。

没有知识做不好血羹

以血液为原料制作的食物大家并不陌生，东北的血肠、四川的毛血旺、南京的鸭血粉丝等，都是我们餐桌上的常客。动物血作为常见食材，自然古人也早已食用，血羹就是其中的常见品种，不过血羹看似简单，其实要做好也不容易，就让我们来看看有关的故事。

历城北二里有莲子湖，周环二十里。湖中多莲花，红绿间明，乍疑濯锦。又渔船掩映，罟罾疏布①，远望之者，若蛛网浮杅也。魏袁翻曾在湖燕集②，参军张伯瑜谘公言③："向为血羹④，频不能就。"公曰："取泺水，必成也。"遂如公语，果成。时清河王怪而异焉⑤，乃谘公："未审何义得尔？"公曰："可思湖目。"清河笑而然之，而实未解。坐散，语主簿房叔道曰⑥："湖目之事，吾实未晓。"叔道对曰："藕能散血，湖目莲子，故令公思。"清河叹曰："人不读书，其犹夜行。二毛之叟，不如白面书生。"（《酉阳杂俎》）

①罟罾：渔网。

②燕集：通"宴集"。

③参军：东汉末期有参谋军务之职，即为参军，后来成为正式官名。

④血羹：用动物血制作的凝固型的食物。后文说"藕能散血"就是指藕能破坏血液凝固，所以血羹做不好。

⑤清河王：元亶，北魏孝文帝之孙。

⑥主簿：官名，负责文书、印鉴的管理。

海鲜经典代表——螃蟹

中国人吃螃蟹是非常有历史的。最早谈及吃螃蟹的，是东汉人郭宪的志怪著作《洞冥记》，里面提及西域的"善苑国"是吃螃蟹的："善苑国尝贡一蟹，长九尺，有百足四螯，因名百足蟹。煮其壳胜于黄胶，亦谓之螯胶，胜凤喙之胶也。"到了魏晋时期，食蟹已经成为常见的事，经过隋唐的发展，宋朝出现了关于食用螃蟹的专著——傅肱的《蟹谱》、高似孙的《蟹略》这种专门研究螃蟹的专业书籍。古代人吃螃蟹，除了基本的白煮、蒸制、快炒、油烹之外，还有追求至鲜至美的吃法——"蟹生"（生腌螃蟹）。唐代的螃蟹吃法虽然

不如后世登峰造极，但也别有一番风味，让我们走近
唐朝的螃蟹美味吧！

蟹

唐彦谦

湖田十月清霜堕，晚稻初香蟹如虎。

扳罾拖网取赛多①，篾篓挑将水边货。

纵横连爪一尺长，秀凝铁色含湖光。

蟛蜞石蟹已曾食②，使我一见惊非常。

买之最厌黄髯老，偿价十钱尚嫌少。

漫夸丰味过蝤蛑③，尖脐犹胜团脐好④。

充盘煮熟堆琳琅，橙膏酱碟调堪尝。

一斗擘开红玉满⑤，双螯啰出琼酥香。

岸头沽得泥封酒，细嚼频斟弗停手。

西风张翰苦思鲈⑥，如斯丰味能知否？

物之可爱尤可憎，尝闻取刺于青蝇⑦。

无肠公子固称美⑧，弗使当道禁横行。

【注释】

①扳罾（bān zēng）：亦作"扳缯"，指将网具敷设水中，等待鱼类游到网的上方，及时提升网具，再用抄网捞鱼的一种敷网。

②蟛蜞：一种小型的淡水蟹。

③蝤蛑：梭子蟹的一种。

④尖脐：分辨螃蟹的性别，最简单的方法是看螃蟹腹部的脐，尖脐为公，团脐为母。

⑤红玉：指代蟹籽，因其一般是红色的，故名。

⑥张翰苦思鲈：西晋文学家张翰因不愿卷入晋室"八王之乱"，借口秋风起，思念家乡的菰菜（茭白）、莼羹、鲈鱼，辞官回吴淞江畔，"营别业于枫里桥"。

⑦青蝇：典故出自《诗经·小雅·青蝇》："营营青蝇，止于樊。岂弟君子，无信谗言。"后世用青蝇指代进谗言的小人。

⑧无肠公子：古代有蟹无肠的说法，因此用无肠公子指代螃蟹。

渔父·松江蟹舍主人欢

张志和

松江蟹舍主人欢①，菰饭莼羹亦共餐②。

枫叶落，荻花干③，醉宿渔舟不觉寒。

【注释】

①松江：即吴江，此地盛产鱼蟹，晚秋西风一吹，正是尝蟹的好时节。蟹舍：渔家，亦指渔村水乡。

②菰（gū）饭：菰，即茭白。菰饭即菰米饭，用茭白籽做的饭。莼（chún）：通"莼"。莼菜嫩叶可以做汤。

③荻（dí）：一种生长在水边的多年生草本植物，形状像

芦苇。

种类繁多的调味品

在五味中，含有挥发性成分的辛香调味品，对人的口、鼻刺激最直接，可极大地诱发食欲。这方面的材料主要有椒、桂、姜、葱、蓼、芥等，都是原产中国的本土调味品。其中，花椒和生姜最有特色，古人很喜欢，用得也多。西汉时，张骞从西域带回了蒜、芫荽等，这些"胡味"让中国人最早品尝到了外来风味。后来传入中国的"胡椒"，则一直是古人眼里的高档调味品，尤以唐宋人最为崇尚。

胡椒　出摩伽陀国，呼为昧履支。其苗蔓生，极柔弱。叶长寸半，有细条与叶齐，条上结子，两两相对。其叶晨开暮合，合则裹其子于叶中。形似汉椒[①]，至辛辣。六月采，今人作胡盘肉食皆用之。

白豆蔻[②]　出伽古罗国[③]，呼为多骨。形如芭蕉，叶似杜若，长八九尺，冬夏不凋。花浅黄色，子作朵如蒲萄。其子初出，微青，熟则变白，七月采。

荜拨[④]　出摩伽陀国，呼为荜拨梨，拂林国呼为阿梨诃咃。苗长三四尺，茎细如箸。叶似戢叶[⑤]。子似桑椹，八月采。

黼齐[6]　出波斯国。拂林呼为顸勃梨咃。长一丈余，围一尺许。皮色青薄而极光净，叶似阿魏，每三叶生于条端，无花实。西域人常八月伐之，至腊月更抽新条，极滋茂。若不剪除，反枯死。七月断其枝，有黄汁，其状如蜜，微有香气。入药疗病。（《酉阳杂俎》）

【注释】

①汉椒：花椒，花椒是我国土产，因此称为汉椒。

②白豆蔻：植物名，其种子是中药材。

③伽古罗国：在今东南亚马来半岛西部。

④荜拨：植物名，其果穗为中药材。

⑤蕺：鱼腥草。

⑥黼齐：白松香。

传承千年的粔籹

粔籹是古代的一种食品。以蜜和米面，搓成细条，组之成束，扭作环形，用油煎熟，犹今之馓子。又称寒具、膏环。早在战国时期的《楚辞·招魂》中就提及“粔籹蜜饵，有粻餭些”。唐人刘禹锡的《楚望赋》也有“投粔籹以鼓檝，豢鳣鲂而如牺”的句子。宋代陆游的《九里》诗有“陌上秋千喧笑语，担头粔籹簇青红”。明代徐渭的《张母八十序》有“而太君者，与其太公竝拊而怜爱之，至则啖以粔籹餦餭，或出果饵入袖中戏剧"的句子，可见这款美食是历久弥新，多个朝代都在食用的常见食品。唐代著名文学家刘禹锡的《楚望赋》中，也提到了这种美食。

躔次殊气[①]，川谷异宜。民生其间，俗鬼言夷[②]。招三闾以成谣[③]，德伏波而构祠[④]。投粔籹以鼓楫[⑤]，豢鳝鲂而如牺[⑥]。蟠木靓深[⑦]，孽妖凭之[⑧]。祈年去厉[⑨]，蠲敬祗威[⑩]。击鼓肆筵[⑪]，河旁水湄[⑫]。荐诚致祝[⑬]，却略蹙跳[⑭]。渚居鲜食[⑮]，大掩水物[⑯]。罟张饵啖[⑰]，不可遁伏。显举潜缒[⑱]，昼撞夜触[⑲]。设机沉深，如拾于陆。彼游鯈之琐类[⑳]，咸跳脱于窘束[㉑]。虽三趾与六眸，时或加乎一目。亦有轻舟，轩轾泛浮[㉒]。拖纶往复，驯鸥相逐。暮夜澄寂，啸歌群族。伧音俚态[㉓]，幽怨委曲。逗疏柝于江城[㉔]，引哀猿于山木。巢山之徒[㉕]，抨木开田[㉖]。灼龟伺泽[㉗]，兆食而燔[㉘]。郁攸起于岩阿[㉙]，腾绛气而蔽天。熏歇雨濡，颖垂林巅。盗天和而藉地势[㉚]，谅无劳而有年。

【注释】

①躔次殊气：星野相对应的地方不同，风俗也就不同。躔次：日月星辰在运行轨道上的位次。

②俗鬼言夷：信鬼怪，喜好巫术，说话有着蛮夷的口音。

③招三闾以成谣：为三闾大夫屈原叫屈的呼声变为民谣。

④德伏波而构祠：仰慕伏波将军马援的品德而修建了祠堂。

⑤投粔籹以鼓枻：将食品投入水中并划船竞渡。粔籹：一种用蜂蜜与米面熬煎制成的食品，类似今天吃的麻花。《楚辞·招魂》：粔籹蜜饵，有餦餭些。

⑥豢鳣鲂而如牺：像饲养供祭祀用的牺牲一样来饲养鳣和鲂。鳣鲂：鲟鳇鱼和鳊鱼，都是比较美味的鱼类。牺：即牺牲，古代祭祀时用来当祭品的牲畜。

⑦蟠木靓深：盘曲的树丛幽静深邃。

⑧孽妖凭之：被妖魔占据。

⑨祈年去厉：祈祷丰收之年，驱逐恶鬼。

⑩躅敬祗威：明确表达敬意，显扬威灵。

⑪肆筵：摆设酒宴。

⑫水湄：河边。

⑬荐诚致祝：敬献诚意，表达祝愿。

⑭却略蟉跎：(虬龙)拱起脊背盘曲蠕动。却略：脊背拱起的样子。蟉跎：盘曲蠕动。

⑮渚居鲜食：居住在水边，吃着鲜活的食物。

⑯大掩水物：突然袭击水里的动物。

⑰罟张饵啖：张开网罟，用食物加以引诱。罟：网的总称。

⑱潜缗：用线将潜游在水里的鱼钓起来。

⑲昼撞夜触：捕鱼的人白天直接投掷（叉鱼），晚上靠着感觉捕鱼。

⑳游儵：一种生长在淡水里的白色小鱼，也叫白鲦。

㉑窘束：束缚。

㉒轩轾：车辆前高后低为轩，前低后高为轾，轩轾后引申为高低、轻重、优劣的含义。

㉓伧音俚态：鄙陋的言语，粗俗的姿态。

㉔逗疏柝于江城：趁着朗州城内稀疏的柝声。柝：古代巡夜人敲击用来报更的木梆。江城：朗州城。

㉕巢山之徒：在山区居住的人。

㉖抃木：砍掉杂草树木。

㉗灼龟伺泽：用占卜来预测捕鱼的收成。

㉘兆食而燔：通过占卜来烧荒种地。

㉙岩阿：山势曲折的地方。

㉚盗天和而藉地势：利用自然的和顺之理，凭借地理的优势。

琳琅满目的各地特产

岭南的特殊美食

岭南，是我国南方五岭以南地区的概称，位于中国最南部，由于群山阻隔，风土人情都与其他地方有很大差别，因此各类食物与土特产也都非常新奇，是独一无二的。而在唐代，专门记述岭南风土人情的著作《北户录》中就记载了很多特色食品。这本书由段公路撰写，是其南游五岭间采撷民间风土、习俗、歌谣、哀乐等而作。

广之属城循州、雷州，皆产黑象，牙小而红，土人捕之，争食其鼻，云肥脆偏堪为炙。愚按：象有十二肉，《陈藏器》云："惟鼻是其本肉，诸即杂肉。"梁翔法师云："象，一名伽那。"古训云："象孕子，五岁始生。"

恩州出鹅毛脡①，乃盐藏，其味绝美，其细如针。郭义恭云："小鱼一斤千头，未之过也。"

南人取嫩牛头火上燂过②，复以汤毛去根③，再三洗了，加酒豉葱姜煮之候熟，切如手掌片大，调以苏膏椒橘之类，都内于瓶瓮中以泥泥过，煻火重烧，其名曰褒。

【注释】

①鹅毛脡：咸鳣鱼。

②燂：烤烂。

③汤毛：烫毛。

桄榔茎叶与波斯枣、古散（古散堪为拄杖）、椰子、槟榔小异①，其木如莎树皮，酿木皮出面可食。《洛阳伽蓝记》云："昭仪寺有酒树面木。"得非桄榔乎！其心为炙，滋腴极美。

南方果之美者，有荔枝。梧州火山者②，夏初先熟而味少劣，其高潘者最佳，五六月方熟，有无核类，鸡卵大者，其肪莹白，不减水精，性热，液甘，乃奇实也。

新州出变柑，有苞大于升者，且皮薄如洞庭之橘，余柑之所弗及。传云移植不数百里，形味俱变，因以为名。亦如逾淮为枳③，乃水土异也。

橄榄子，八九月熟，其大如枣。《广志》云④："大有如鸡子者，有野生者，高不可梯，但刻其根，方数寸许，入盐于中，子皆落矣。"今高凉有银坑橄榄子，细长，味美于诸郡产者，其价亦贵。《陈藏器》云："其木主鲩鱼毒⑤，此木作楫，拨着鲩鱼皆浮出。"

山橘子，冬熟，有大如土瓜者，次如弹丸者，皮薄下气，晋宁多有之。

山胡桃，皮厚，底平，状如槟榔。

杨梅，叶如龙眼树、冬青，一名杭，潘州有白色者，甜而绝大。

占卑国出偏核桃，形如半月状，波斯人取食之，绝香美。

岭南之梅，小于江左，居人采之，杂以朱槿花，和盐曝之，梅为槿花所染，其色可爱。又有选大梅，刻镂瓶罐结带之类，取棹汁渍之（棹木叶汁），亦甚甘脆。

【注释】

①桄榔：分布于中国海南、广西及云南西部至东南部的一种乔木。桄榔浑身是宝：花序的汁液可制糖、酿酒；树干髓心含淀粉，可供食用；幼嫩的种子胚乳可用糖煮成蜜饯；叶鞘纤维强韧耐湿耐腐，可制绳缆。波斯枣：又名海枣，原产西亚和北非。中国南方也有引种栽培。波斯枣果实可供食用，花序汁液可制糖，叶可造纸，树干可以作为建筑材料与水槽，树形美观，也是有名的观赏植物。

②梧州：今广西梧州市。

③逾淮为枳：橘子在淮河以南种植就能正常生长为橘，在淮河以北就只能长成枳（一种灌木类植物，果实小而苦）。《晏子春秋·内篇杂下》："婴闻之，橘生淮南则为橘，生于淮北则为枳，叶徒相似，其实味不同。所以然者何？水土异也。"

④《广志》：晋代郭广志撰写的一部博物图书。

⑤鲵鱼：河豚。

五果之首的桃

中国是桃的原始产地，至今已有3000多年的栽培历史。我国传统文化将主要的水果种类称为五果，分别是桃、李、杏、梨、枣，其中桃是五果之首，可见人们对桃子的重视与喜爱。而桃子作为传统食物，在民间故事当中也是经常出现，为我们留下了很多有趣的故事。

史论在齐州时，出猎，至一县界，憩兰若中①。觉桃香异常，访其僧。僧不及隐，言近有人施二桃，因从经案下取出献论，大如饭碗。时饥，尽食之。核大如鸡卵，论因诘其所自，僧笑："向实谬言之。此桃去此十余里，道路危险，贫道偶行脚见之②，觉异，因掇数枚。"论曰："今去骑从，与和尚偕往。"僧不得已，导论北去荒榛中。经五里许，抵一水，僧曰："恐中丞不能渡此。"论志决往，乃依僧解衣，戴之而浮③。登岸，又经西北，涉二小水。上山越涧数里，至一处，布泉怪石，非人境也。有桃数百株，枝干扫地，高二三尺，其香破鼻。论与僧各食一蒂，腹果然矣。论解衣将尽力苞之④，僧曰："此或灵境，不可多取。贫道尝听长老说，昔日有人亦尝至此，怀五六枚，迷不得出。"论亦疑僧非常，取两个而返。僧切戒论不得言。论至州，使招僧，僧已逝矣。（《酉阳杂俎》）

【注释】

①兰若：梵语阿兰若的简称，本义是寂静之处，后引申指山林当中的小寺庙。

②行脚：僧人旅行。

③戴之而浮：脱下衣服用头顶着渡过河。

④苞：包裹。

语曰：买鱼得鳡，不如食茹。宁去累世宅，不去鲫鱼额。洛鲤伊鲂，贵于牛羊。得合涧蛎，虽不足豪，亦足以高。槟榔扶留，可以忘忧。白马甜榴，一实直牛①。草木晖晖，苍黄乱飞②。（《酉阳杂俎》）

【注释】

①白马甜榴，一实直牛：魏晋时期洛阳白马寺前有葡萄异常甜美，极为珍贵，号称一颗葡萄就值一头牛。

②晖晖：草木茂盛的样子。苍黄：应为苍庚，黄莺。

大唐自有珍奇水果

大唐地大物博，物产丰富，因此各地的特产也是琳琅满目，其中不乏珍奇的各类水果，现在我们就来梳理一下。

石榴　一名丹若。南诏石榴，子大，皮薄如藤纸，味绝于洛中。石榴甜者谓之天浆，能已乳石毒徒[1]。

柿　俗谓柿树有七绝，一寿，二多阴，三无鸟巢，四无虫，五霜叶可玩，六嘉实，七落叶肥大。

汉帝杏　济南郡之东南有分流山，山上多杏，大如梨，黄如橘，土人谓之汉帝杏，亦曰金杏。

脂衣柰　汉时紫柰大如升，核紫花青，研之有汁，可漆。或着衣，不可浣也。

仙人枣　晋时大仓南有翟泉，泉西有华林园，园有仙人枣，长五寸，核细如针。

栀子　诸花少六出者，唯栀子蕑花六出[2]。陶真白言，栀子剪花六出，刻房七道，其花香甚。相传即西域薝葡花也[3]。（《酉阳杂俎》）

【注释】

①乳石：乳指石钟乳，石指白石英、紫石英、赤石脂等矿物，魏晋南北朝时期流行服食用以上矿物调配的五石散。

②蕑花：雪花。

③薝葡花：郁金香。

水果自有神异故事

水果由于味美香甜让人总是与传说中的仙人联系在一起，因此也就诞生了大量的神异故事，其中不乏精彩之处。

仙桃　出郴州苏耽仙坛。有人至，心祈之辄落坛上，或至五六颗。形似石块，赤黄色，破之，如有核三重。研饮之，愈众疾，尤治邪气。

娑罗[1]　巴陵有寺，僧房床下忽生一木，随伐随长。外国僧见曰："此娑罗也。"元嘉初，出一花如莲。天宝初，安西道进娑罗枝，状言[2]："臣所管四镇[3]，有拔汗那最为密近[4]，木有娑罗树，特为奇绝。不庇凡草，不止恶禽，耸干无惭于松栝，成阴不愧于桃李。近差官拔汗那使，令采得前件树枝二百茎。如得托根长乐[5]，擢颖建章[6]。布叶垂阴，邻月中之丹桂；连枝接影，对天上之白榆。"

蒲萄[7]　俗言蒲萄蔓好引于西南。庾信谓魏使尉瑾曰："我在邺，遂大得蒲萄，奇有滋味。"陈昭曰："作何形状？"徐君房曰："有类软枣。"信曰："君殊不体物，可得言似生荔枝。"魏肇师曰："魏武有言[8]，朱夏涉秋[9]，尚有余暑。酒醉宿醒[10]，掩露而食。甘而不饴，酸而不酢。道之固以流味称奇，况亲食之者。"瑾曰：

"此物实出于大宛，张骞所至。有黄、白、黑三种，成熟之时，子实逼侧，星编珠聚，西域多酿以为酒，每来岁贡。在汉西京^⑪，似亦不少。杜陵田五十亩^⑫，中有蒲萄百树。今在京兆，非直止禁林也。"信曰："乃园种户植，接荫连架。"昭曰："其味何如橘柚？"信曰："津液奇胜，芬芳减之。"瑾曰："金衣素裹，见苞作贡。向齿自消，良应不及。"

贝丘之南有蒲萄谷^⑬，谷中蒲萄，可就其所食之，或有取归者即失道，世言王母蒲萄也。天宝中，沙门昙霄因游诸岳^⑭，至此谷，得蒲萄食之。又见枯蔓堪为杖，大如指，五尺余，持还本寺植之遂活。长高数仞，荫地幅员十丈，仰观若帷盖焉。其房实磊落，紫莹如坠，时人号为草龙珠帐。(《酉阳杂俎》)

【注释】

①娑罗：娑罗树，是佛教圣树之一，释迦牟尼涅槃于娑罗树下。

②状：古代文体，供陈述事件之用。

③四镇：安西都护府下辖四镇。

④拔汗那：西域古国名，汉代称大宛。

⑤长乐：长乐宫，汉代宫殿，此处代指皇宫。

⑥建章：建章宫，汉代上林苑中宫殿之一，这里代指皇家苑囿。

⑦蒲萄：葡萄。汉代张骞通西域后，葡萄从西域传入我国。

⑧魏武：指魏武帝曹操。后文魏文指魏文帝曹丕。

⑨朱夏：夏天。

⑩酲：醉酒。

⑪汉西京：指长安城。

⑫杜陵：在今陕西西安东南，汉宣帝陵寝在此。

⑬贝丘：今山东临清附近。

⑭沙门：佛教中指出家人。

光州检田官蒋舜卿行山中①，见一人方采林檎一二枚②，与之食，因尔不饥。家人以为得鬼食，不治将病。求医甚切，而不能愈。后闻寿春有叟善医，乃往访之。始行一日，宿一所旅店，有老父问以所患，具告之。父曰："吾能救之，无烦远行也。"出药方寸匕服之③，出二林檎如新。父收之去，舜卿之饮食如常。既归，他日复访之。店与老父，俱不见矣。(《稽神录》④)

【注释】

①光州：今河南省潢川县。

②林檎：有两种水果都被称为林檎，一种是苹果，一种是番荔枝。

③方寸匕：古代量取药末的器具，其状如刀匕。一方寸匕大小为古代一寸正方，其容量相当于十粒梧桐子。

④《稽神录》：宋代的一部志怪小说集，共六卷，徐铉撰。

异果　赡披国有人牧羊千百余头①，有一羊离群，忽失所在。

至暮方归，形色鸣吼异常，群牛异之。明日，遂独行，主因随之，入一穴。行五六里，豁然明朗，花木皆非人间所有。羊于一处食草，草不可识。有果作黄金色，牧羊人切一将还，为鬼所夺。又一日，复往取此果，至穴，鬼复欲夺，其人急吞之，身遂暴长，头才出，身塞于穴，数日化为石矣。

甘子^②　天宝十年，上谓宰臣曰："近日于宫内种甘子数株，今秋结实一百五十颗，与江南蜀道所进不异。"宰臣贺表曰："雨露所均，混天区而齐被；草木有性，凭地气而潜通。故得资江外之珍果，为禁中之华实。"相传玄宗幸蜀年^③，罗浮甘子不实^④。岭南有蚁，大于秦中蚂蚁，结窠于甘树。甘实时，常循其上，故甘皮薄而滑。往往甘实在其窠中，冬深取之，味数倍于常者。(《酉阳杂俎》)

【注释】

①瞻披国：即盎伽国，在今孟加拉国境内。

②甘子：柑子，这里指柑树。

③玄宗幸蜀年：即天宝十五年（756），安史叛军逼近长安，唐玄宗南逃巴蜀避难。

④罗浮：今广东博罗。

海外美味、珍奇异果

大唐对外开放，与来自欧亚大陆各个角落的客商、使臣频繁往来，也将世界各地的奇特水果带到国内，很多美味食品与珍奇异果让人眼界大开，一些食物如波斯枣、齐暾树果等，我们今天依旧可以吃到。

婆那娑树① 出波斯国②，亦出拂林，呼为阿萨弹。树长五六丈，皮色青绿，叶极光净，冬夏不凋。无花结实，其实从树茎出，大如冬瓜，有壳裹之，壳上有刺，瓤至甘甜，可食。核大如枣，一实有数百枚。核中仁如栗黄，炒食甚美。

波斯枣③ 出波斯国④，波斯国呼为窟莽。树长三四丈，围五六尺，叶似土藤，不凋。二月生花，状如蕉花，有两甲，渐渐开罅⑤，中有十余房。子长二寸，黄白色，有核，熟则子黑，状类干枣，味甘如饧，可食。(《酉阳杂俎》)

【注释】

①婆那娑树：波罗蜜树，其果实甘甜，可食用。

②波斯国：这里指东南亚的马来亚波斯。

③波斯枣：即椰枣，现在也是中东地区的主要作物。

④波斯国：指西亚伊朗高原的波斯国。

⑤罅：裂缝。

偏桃① 出波斯国，波斯国呼为婆淡。树长五六丈，围四五尺，叶似桃而阔大。三月开花，白色。花落结实，状如桃子而形偏，故谓之偏桃。其肉苦涩，不可啖。核中仁甘甜，西域诸国并珍之。

檕䇅稤树② 出波斯国。亦出拂林国，拂林呼为群汉。树长三丈，围四五尺，叶似细榕，经寒不凋。花似橘，白色。子绿，大如酸枣，其味甜腻，可食。西域人压为油以涂身，可去风痒。

齐暾树③ 出波斯国。亦出拂林国，拂林呼为齐桄（音汤兮反④）。树长二三丈，皮青白，花似柚，极芳香。子似杨桃，五月熟。西域人压为油以煮饼果，如中国之用巨胜也⑤。（《酉阳杂俎》）

【注释】

①偏桃：扁桃。

②檕䇅稤树：具体是何物难以考证。

③齐暾树：波斯橄榄树。

④反：反切，古代的注音方式。

⑤巨胜：芝麻。

捺袛① 出拂林国。苗长三四尺，根大如鸭卵。叶似蒜叶，中心抽条甚长。茎端有花六出，红白色，花心黄赤，不结子。其草冬生夏死，与荞麦相类。取其花压以为油，涂身，除风气。拂林国王及国内贵人皆用之。

野悉蜜② 出拂林国，亦出波斯国。苗长七八尺，叶似梅叶，四时敷荣。其花五出，白色，不结子。花若开时，遍野皆香，与岭南詹糖相类③。西域人常采其花压以为油，甚香滑。

底櫔实^④　阿驿，波斯国呼为阿尹，拂林呼为底珍。树长丈四五，枝叶繁茂。叶有五出，似椑麻^⑤。无花而实，实赤色，类椑子，味似甘柿，一月一熟。(《酉阳杂俎》)

【注释】

①捺祇：水仙。这里是水仙传入我国的最早记载。

②野悉蜜：素馨，植物名，形似茉莉，其花朵为巴基斯坦国花。

③詹糖：一种香料。

④底櫔实：无花果。

⑤椑麻：蓖麻。

新奇食材惹人垂涎

一方水土养一方人，不同的地域总会有自己特殊的物产，大唐幅员万里，自然也就有着丰富的物产，其中不乏新奇的食材。

古南海县有桄榔树^①，峰头生叶，有面。大者出面，乃至百斛。以牛乳啖之，甚美。(《酉阳杂俎》)

【注释】

①南海县：在今广东省佛山市。

交趾郡人多养孔雀①，或遗人以充口腹，或杀之以为脯腊。人又养其雏为媒，旁施网罟，捕野孔雀。伺其飞下，则牵网横掩之，采其金翠毛，装为扇拂。或全株，生截其尾，以为方物。云，生取则金翠之色不减耳。(《岭表录异》)

【注释】

①交趾郡：在今广东省及越南北部。

峰州有一道水①，从吐蕃中来，夏冷如冰雪。有鱼长一二寸，来去有时，盖水上如粥。人取烹之而食，千万家取不可尽。不知所从来。(《朝野佥载》②)

【注释】

①峰州：今越南河内市西北和富寿省一带。

②《朝野佥载》：唐人张鷟撰写的笔记小说集，主要记载隋唐两朝的朝野逸闻。

瓦屋子，盖蚌蛤之类也，南中旧呼为蚶子。顷因卢钧尚书作镇，遂改为瓦屋子，以其壳上有棱如瓦垅，故以此名焉。壳中有肉，紫色而满腹，广人犹重之，多烧以荐酒，俗呼为天脔炙。食多即壅气①，背膊烦疼，未测其性也。

蚝即牡蛎也，其初生海岛边，如拳石，四面渐长。有高一二丈者，巉岩如山，每一房内，蚝肉一片，随其所生，前后大小不等。每潮来，诸蚝皆开房，伺虫蚁入，即合之。海夷卢亭者以斧楔取壳，烧以烈火，蚝即启房，挑取其肉，贮以小竹筐，赴虚市，以易西骨米。蚝肉大者腌为炙，小者炒食，肉中有滋味。食之即甚，壅肠骨。(《岭表录异》)

【注释】

①壅气：肚子胀气。

郫县侯生者①，于沤麻池侧得鳝鱼②，大可尺围，烹而食之，发白复黑，齿落复生，自此轻健。(《录异记》③)

【注释】

①郫县：今属于四川省成都市。

②鳝鱼：即黄鳝。

③《录异记》：关于古代各种神仙传说的文人笔记，为五代人杜光庭撰写。

水母，广州谓之水母，闽谓之䖳。其形乃浑然凝结一物，有淡紫色者，有白色者，大如覆帽，小者如碗。肠下有物如悬絮，俗谓之足，而无口眼。常有数十虾寄腹下，咂食其涎。浮泛水上，捕者或遇之，即欻然而没，乃是虾有所见耳。(《越绝书》云①，海镜蟹为腹，水母虾为目。)南中好食之，云性暖，治河鱼之疾，然甚腥，须以草木灰点生油再三洗之，莹净如水精、紫玉。肉厚可二寸，薄处亦寸余，先煮椒桂或豆蔻，生姜缕切而炸之，或以五辣肉醋，或以虾醋，如鲙食之。最宜虾醋，亦

物类相摄耳。水母本阴海凝结之物，食而暖补，其理未详。(《岭表录异》)

【注释】

①《越绝书》：记载古代吴越地方史的杂史，又名《越绝记》。

鲵鱼如鲇①，四足长尾，能上树。天旱，辄含水上山，以草叶覆身，张口，鸟来饮水，辄吸食之。声如小儿，峡中人食之，先缚于树鞭之，身上白汁出，如构汁，去此方可食，不尔有毒。(《酉阳杂俎》)

【注释】

①鲵鱼：即大鲵，俗称娃娃鱼，国家一级保护动物。

茄子　茄字本莲茎名，革遐反。今呼伽，未知所自。成式因就节下食有伽子数蒂，偶问工部员外郎张周封伽子故事，张云："一名落苏，事具《食料本草》。此误作《食疗本草》，元出《拾遗本草》。"成式记得隐侯《行园》诗云①："寒瓜方卧垅，秋菰正满陂。紫茄纷烂漫，绿芋郁参差。"又一名昆仑瓜。

岭南茄子宿根成树，高五六尺。姚向曾为南选使，亲见之。故《本草》记广州有慎火树②，树大三四围。慎火即景天也③，俗呼为护火草。

茄子熟者，食之厚肠胃，动气发痰。根能治龟瘃④。欲其子繁，待其花时，取叶布于过路，以灰规之，人践之，子必繁也。

俗谓之稼茄子⑤。僧人多炙之，甚美。有新罗种者，色稍白，形如鸡卵。西明寺僧造玄院中有其种。（《酉阳杂俎》）

【注释】

①隐侯：南朝诗人沈约。

②《本草》:《神农本草经》。慎火树：即景天，一种草本植物，全草可入药。

③景天：可入药，有清热解毒，活血止血功效。

④龟瘃：手脚出现冻疮。

⑤稼：让作物更高产的方法，古代通常采用一些类似巫术的方式来达到这一目的。

句容赤沙湖，食朱砂鲤，带微红，味极美。负朱鱼亦绝美，每鳞一点朱。

向北有濮固羊，大而美。

丙穴鱼，食乳水①，食之甚温。（《酉阳杂俎》）

【注释】

①乳水：从钟乳石上滴下的水。

鲫鱼　东南海中有祖州，鲫鱼出焉，长八尺，食之宜暑而避风。此鱼状，即与江河小鲫鱼相类耳。浔阳有青林湖，鲫鱼大者二尺余，小者满尺，食之肥美，亦可止寒热也。

江淮有孟娘菜，并益肉食。

又青州防风子①，可乱毕拨②。

又太原晋祠，冬有水底，不死。食之甚美。(《酉阳杂俎》)

【注释】

①防风子：中药防风的果实。

②乱毕拨：与毕拨混淆。毕拨，也作荜拨，一种中药。

大唐饮食文化、习俗

端午节皇宫宴请群臣

　　端午节历来是中国重要的传统节日之一。在唐朝，每到端午节，皇帝都要在皇宫宴请群臣，并且君臣还要即兴作诗，下面这首诗就是唐玄宗在端午节宴会上写下的。

端午三殿宴群臣探得神字

唐玄宗

五月符天数，五音调夏钧。

旧来传五日，无事不称神。

穴枕通灵气，长丝续命人①。

四时花竞巧，九子粽争新。

方殿临华节，圆宫宴雅臣。

进对一言重，遒文六义陈。

股肱良足咏，凤化可还淳。

【注释】

　　①长丝续命人：中国民间旧俗于端午节以彩丝系臂，认为可以避灾延寿，故名续命缕。

仕女春日游宴

盛唐时期，贵族家庭的大家闺秀往往会在春天乘船游宴，正如顾宸指出的："天宝间，景物盛丽，仕女游观，极尽饮燕歌舞之乐。"对此，"诗圣"杜甫也曾写诗记述，就是下面这首《城西陂泛舟》，此诗应当写于唐玄宗天宝十三年（754），地点应该是在长安。这首诗生动描写了春日里大家闺秀春游宴饮的热闹场面。

城西陂泛舟①

青蛾皓齿在楼船②，横笛短箫悲远天③。
春风自信牙樯动④，迟日徐看锦缆牵⑤。
鱼吹细浪摇歌扇⑥，燕蹴飞花落舞筵⑦。
不有小舟能荡桨，百壶那送酒如泉？

【注释】

①城西陂：即渼陂，是终南山谷当中的流水，与胡公泉之水汇集形成的一个湖，方圆十四里。唐代地理书籍《十道志》记载：(渼陂)本名五味陂，陂鱼甚美，因误名之。朱鹤龄注：渼陂，因水味美，故配水以为名。陂（bēi），池塘。

②青蛾：青黛画的眉毛。皓齿：洁白的牙齿。楼船：庞大

的楼船。

③远天：高远的天空。这里指音乐传得又高又远。

④信：任其自由活动。樯：帆船上面挂着风帆的桅杆。

⑤迟日：春天白天的时间渐长，因此称为迟日。杜甫有名句"迟日江山丽，春风花草香"。

⑥歌扇：歌者以扇遮面。歌扇是唐代舞乐当中经常用到的道具。摇：指水中扇影摇曳。

⑦蹴：踩。

油幕宴、探春宴、裙幄宴

　　盛唐国力强大，贵族子弟无忧无虑，因此也就喜欢游乐，由此产生了很多游玩宴饮的习俗，如油幕宴、探春宴、裙幄宴等，都是当时流行的宴饮形式。

　　长安贵家子弟，每至春时，游宴供帐于园圃中，随行载以油幕，或遇阴雨，以幕覆之，尽欢而归。

　　都人仕女，每至正月半后，各乘车跨马，供帐于园圃，或郊野中，为探春之宴。

　　长安仕女游春野步，遇名花则设席藉草，以红裙递相插挂，以为宴幄，其奢逸如此也。（《开元天宝遗事》①）

【注释】

①《开元天宝遗事》是一本五代十国时期的笔记小说，作者是王仁裕。书中主要讲述了唐朝开元、天宝年间的逸闻遗事，以奇异物品、传说事迹为主。

奢侈的曲江游宴

唐朝的宴会有着繁多的名目，其中最有代表性的，要数曲江宴与烧尾宴。烧尾宴我们之前介绍过了，奢侈到了极点，那么曲江宴有什么特点呢？每年科举考试之后，朝廷为了安慰落第的考生，会在曲江举行游宴，史称"曲江宴"，但后来改成为新科进士举行盛大的庆祝宴会，以示褒奖。

宴会当天，新科进士要穿盛装，带上仆人，骑高头大马，还有人邀请名妓出席以壮声势，并显示自己的尊贵。一些朝廷官员也会参加，以便结识新人，与其中的才俊搞好关系。

曲江游宴可以品尝美味佳肴，还能攀附权贵，同时游览湖光山色，举行各种娱乐活动，因此也就少不了吟诗，从而为后世留下了不少诗篇。

登科后①

孟 郊

昔日龌龊不足夸②，今朝放荡思无涯③。

春风得意马蹄疾④，一日看尽长安花。

【注释】

①登科：唐朝实行科举考试制度，考中进士称及第，经吏部复试取中后授予官职称登科。

②龌龊：原意是肮脏，这里指不如意的处境。不足夸：不值得提起。

③放荡：自由自在，不受约束。思无涯：兴致高涨。

④得意：指考取功名，称心如意。疾：飞快。

琴曲歌辞·蔡氏五弄·游春曲二首

王 涯

曲江丝柳变烟条，寒骨冰随暖气销。

才见春光生绮陌，已闻清乐动云韶①。

【注释】

①云韶：指代宫廷。

经过柳陌与桃蹊，寻逐风光着处迷。

鸟度时时冲絮起，花繁衮衮压枝低①。

【注释】

　①衮衮：连续不断。

上巳日赠都上人①

殷尧藩

三月初三日，千家与万家。

蝶飞秦地草，莺入汉宫花。

鞍马皆争丽，笙歌尽斗奢。

吾师无所愿，惟愿老烟霞。

曲水公卿宴，香尘尽满街。

无心修禊事②，独步到禅斋。

细草萦愁目，繁花逆旅怀。

绮罗人走马，遗落凤凰钗。

【注释】

　①上巳日：即农历三月初三，唐代京城长安流行在三月三日这一天游赏于曲江。三月三是传统节日上巳节，是古代举行"被除畔浴"活动中最重要的节日，人们结伴去水边沐浴，称为"被禊"，此后又增加了祭祀宴饮、曲水流觞、郊外游春等内容。

　②修禊：古代的基本祭祀之一，在某个月中的"除"日进行，用以祈福、禳除灾疠。

千秋节宴为皇帝庆生

千秋节也就是皇帝的生日，这个节日始自唐玄宗开元十七年，玄宗将自己的生日八月初五定为"千秋节"（后改名"天长节"）。从此以后，每年千秋节，唐玄宗、杨贵妃都在京师长安兴庆宫内花萼楼，或是在东都洛阳广达楼前举行盛大宴会，并安排乐舞表演，与文武百官、百姓同乐。唐玄宗还特意为此写下诗篇，这就是下面的这首《千秋节宴》。

千秋节宴

唐玄宗

兰殿千秋节①，称名万寿觞。

风传率土庆②，日表继天祥。

玉宇开花萼③，宫县动会昌。

衣冠白鹭下，帝幕翠云长。

献遗成新俗④，朝仪入旧章。

月衔花绶镜，露缀彩丝囊。

处处祠田祖，年年宴杖乡。

深思一德事，小获万人康。

①兰殿：代指华丽的宫殿。

②率土：即率土之滨，代指大臣。

③花萼：长安兴庆宫内的花萼楼，是千秋节宴的举办地点。

④献遗：奉赠财物。

宜春宴祈求丰年

宜春酒是唐代中和节（农历二月初一）所饮的酒，又称为中和酒，在这一天，人们会在村社做中和酒，祭祀农神勾芒，并聚会宴乐。唐代四朝元老宰相李泌提议设立中和节，唐德宗同意李泌的请求，于贞元五年下诏书定二月初一为中和节。以下文字出自《新唐书·李泌传》。

泌以学士知院事，请废正月晦，以二月朔为中和节①。民间里闾酿宜春酒，以祭勾芒神②，祈丰年。帝悦。

【注释】

①二月朔：农历二月初一。

②勾芒：也作句芒，是中国古代民间神话中的木神（春神），主管树木的发芽生长。

嫁女之日当备黍臛

　　酱料是华夏饮食的一大特色，古代有"成汤作醢"的说法，如果可信的话，那么我国早在夏商之交就已经能够吃到酱了。最早的酱都是肉酱，称作"醢"。在周代，酱是用酒、肉和盐混杂在一起制成的，味道很不错，是当时贵族阶层的美食，还没有广泛流传到民间。酱油最早也是由鲜肉腌制的肉酱加工而成的，到了汉代，酱和酱油才逐渐改为由大豆制成。而在唐代，掺杂黍米的肉酱（黍臛）是当时婚礼的一道重要菜肴，由此也可以看出当时人们的饮食结构和民间习俗。

　　近代婚礼，当迎妇，以粟三升填臼，席一枚以覆井，枲三斤以塞窗①，箭三只置户上。妇上车，婿骑而环车三匝。女嫁之明日，其家作黍臛②。女将上车，以蔽膝覆面③。妇入门，舅姑以下悉从便门出④，更从门入，言当蹋新妇迹。又妇入门，先拜猪枥及灶⑤。娶妇，夫妇并拜，或共结镜纽。又娶妇之家，弄新妇⑥，腊月娶妇，不见姑。（《酉阳杂俎》）

【注释】

　　①枲（xǐ）：麻，可以用于织布。

　　②黍臛（huò）：掺杂黍米的肉酱。

③蔽膝：长可及膝的围裙。

④舅姑：新郎的父母。

⑤猪樴（zhí）：猪圈，这里指猪圈之神。樴，木桩。

⑥弄：戏弄。

聘礼食材寓意丰富

结婚历来是人生大事，也是人生喜事，因此历朝历代的人们都喜欢在婚礼这一天讨个好彩头，进行的仪式、准备的物品都有着非常吉祥的寓意，比如我们今天还经常能够在婚礼上看到的红枣、花生、桂圆、莲子，就是寓意"早生贵子"。那么在唐代，人们也有着类似的习俗，其中有食品、器物、植物等，虽然食材不一，但寓意都是祝愿夫妻百年好合、白头到老。

婚礼纳采①，有合欢、嘉禾、阿胶、九子蒲、朱苇、双石、绵絮、长命缕、干漆②。九事皆有词③：胶漆取其固；绵絮取其调柔；蒲苇为心，可屈可伸也；嘉禾，分福也；双石，义在两固也。（《酉阳杂俎》）

【注释】

①纳采：也作纳彩，古代婚礼制度，男方在派媒人上门提

亲得到允许后要准备聘礼并送到女方家，称为纳采。

②合欢：树名，叶子在夜间成对合拢，因此被认为象征爱情。嘉禾：苗壮、果实饱满的稻禾。阿胶：中药名，用驴皮熬制的皮冻。九子蒲：植物，有多子多福的寓意。双石：相似的一对卵石，象征着夫妻关系。长命缕：辟邪的五彩丝带，象征着长命百岁。

③词：寓意。

香茗与美酒的世界

香茗一盏诗满怀

烹煮茶叶之道

　　说起饮茶，就不得不提到一部唐代的著作——《茶经》。《茶经》是中国乃至世界现存最早、最完整的全面介绍茶的一部专著，被誉为茶叶百科全书，是唐代陆羽所著。此书是关于茶叶生产的历史、源流、现状、生产技术以及饮茶技艺、茶道原理的综合性论著，将普通茶事升格为一种美妙的文化艺术，推动了中国茶文化的发展。因此陆羽被后世尊为"茶圣"。

　　以下部分选自《茶经》"五之煮"，讲的是茶叶烹煮的技巧与注意事项。

　　凡炙茶，慎勿于风烬间炙，熛焰如钻，使炎凉不均。持以逼火，屡其翻正，候炮出培塿状虾蟆背①，然后去火五寸，卷而舒则本其始，又炙之。若火干者，以气熟止；日干者，以柔止。

　　其始若茶之至嫩者，茶罢热捣叶烂而牙笋存焉。假以力者，持千钧杵亦不之烂，如漆科珠②，壮士接之不能驻其指，及就则似无穰骨也。灸之，则其节若倪，倪如婴儿之臂耳。既而承热用纸囊贮之，精华之气无所散越。

候寒末之其火用炭，次用劲薪。其炭曾经燔灸，为膻腻所及，及膏木败器不用之。古人有劳薪之味③，信哉！

其水，用山水上，江水中，井水下。其山水，拣乳泉石池漫流者上④，其瀑涌湍漱勿食之，久食令人有颈疾。又多别流于山谷者，澄浸不泄，自火天至霜郊以前⑤，或潜龙畜毒于其间，饮者可决之以流其恶，使新泉涓涓然酌之。其江水，取去人远者。井取汲多者。

其沸如鱼目⑥，微有声为一沸，缘边如涌泉连珠为二沸，腾波鼓浪为三沸，已上水老不可食也。

初沸则水合量，调之以盐味，谓弃其啜余，无乃而钟其一味乎？第二沸出水一瓢，以竹筴环激汤心，则量末当中心，而下有顷势若奔涛，溅沫以所出水止之，而育其华也。凡酌置诸碗，令沫饽均。沫饽，汤之华也。华之薄者曰沫，厚者曰饽，细轻者曰花，如枣花漂漂然于环池之上。又如回潭曲渚，青萍之始生；又如晴天爽朗，有浮云鳞然。其沫者，若绿钱浮于水湄，又如菊英堕于樽俎之中⑧。饽者以滓煮之。及沸则重华累沫，皤皤然若积雪耳⑨。《荈赋》所谓"焕如积雪，烨若春敷⑩"，有之。

第一煮水沸，而弃其沫之上，有水膜如黑云母，饮之则其味不正。其第一者为隽永，或留熟以贮之，以备育华救沸之用。

诸第一与第二第三碗，次之第四第五碗，外非渴甚莫之饮。凡煮水一升，酌分五碗，趁热连饮之，以重浊凝其下，精英浮其上。如冷则精英随气而竭，饮啜不消亦然矣。

茶性俭，不宜广，则其味黯澹，且如一满碗，啜半而味寡，况其广乎！其色缃也，其馨也。其味甘槚也；不甘而苦，荈也；啜苦咽甘，茶也。

【注释】

①炮出培塿（lǒu）状虾蟆背：形容茶饼表面起泡如虾蟆背。炮，烘烤；培塿，小土堆；虾蟆背，有很多丘泡，不平滑。

②如漆科珠：意为用漆斗量珍珠，滑溜难量。科，用斗称量。《说文》："从禾，从斗。斗者，量也。"

③劳薪之味：用膏木、败器之类烧烤，食物会有异味。典出《晋书·荀勖传》。劳薪，即膏木、败器。

④挹：舀取。

⑤火天：七月时节。火：指大火星，即心宿二。《诗经·七月》："七月流火。"霜郊：霜初降大地。"霜降"在农历九月下旬，霜郊则指秋末冬初。

⑥如鱼目：水初沸时冒出的小气泡，像鱼眼睛，故称鱼目。

⑦水湄：有水草的河边。《说文》："湄，水草交为湄。"

⑧樽俎：这里指各种餐具。樽，酒器；俎，砧板。

⑨皤皤然：本义是指满头白发的样子，这里是形容白色的水沫。

⑩烨若春敷：光辉明亮犹如春花。《集韵》："敷，花之通名。"

饮茶的学问

　　以下内容选自《茶经》的第六章"茶之饮"，主要介绍了饮茶的特点、饮茶的历史、饮茶的难点与注意事项等，是非常珍贵的唐代饮茶风俗与方式的文献记载。

　　翼而飞，毛而走，呿而言①，此三者俱生于天地间。饮啄以活，饮之时，义远矣哉。至若救渴，饮之以浆；蠲忧忿②，饮之以酒；荡昏寐，饮之以茶。

　　茶之为饮，发乎神农氏③，闻于鲁周公④，齐有晏婴⑤，汉有扬雄、司马相如⑥，吴有韦曜⑦，晋有刘琨、张载、远祖纳、谢安、左思之徒⑧，皆饮焉。滂时浸俗，盛于国朝，两都并荆俞间⑨，以为比屋之饮。

　　饮有粗茶、散茶、末茶、饼茶者，乃斫，乃熬，乃炀，乃舂，贮于瓶缶之中，以汤沃焉，谓之痷茶⑩。或用葱、姜、枣、橘皮、茱萸、薄荷之等，煮之百沸，或扬令滑，或煮去沫，斯沟渠间弃水耳，而习俗不已。于戏！天育万物皆有至妙，人之所工，但猎浅易。所庇者屋屋精极，所着者衣衣精极，所饱者饮食，食与酒皆精极之。

　　茶有九难：一曰造，二曰别，三曰器，四曰火，五曰水，六曰炙，七曰末，八曰煮，九曰饮。阴采夜焙非造也，嚼味嗅香非别也，膻鼎腥瓯非器也，膏薪庖炭非火也，飞湍壅潦非水也⑪，外熟内生非炙也，碧粉缥尘非末也，操艰搅遽非煮也⑫，夏兴冬废非饮也。

夫珍鲜馥烈者，其碗数三；次之者，碗数五。若坐客数至，五行三碗，至七行五碗。若六人已下，不约碗数，但阙一人而已，其隽永补所阙人。

【注释】

①咮而言：张口说话。这里指开口会说话的人类。

②蠲（juān）忧忿：免除忧愁与愤恨。

③神农氏：传说中的上古三皇之一，教民稼穑，号神农，后世尊为炎帝。后人伪托神农之名写下《神农本草经》等书，其中提到茶，提出最早的喝茶行为"发乎神农氏"。

④鲁周公：即周公，名姬旦，周文王之子，辅佐武王灭商，建立西周，制礼作乐，后世尊其为周公，因封国在鲁，又称鲁周公。后人伪托周公之名写下《尔雅》，其中讲到茶。

⑤晏婴：字平仲，春秋末期著名政治家，齐国名相。

⑥扬雄：字子云，汉朝时期辞赋家、思想家。司马相如：字长卿，蜀郡成都人。西汉著名文学家，著有《子虚赋》《上林赋》等。

⑦韦曜：应为韦昭，字弘嗣，三国时期东吴中书仆射、太傅。

⑧刘琨（271—318）：字越石，西晋平北大将军。张载：字

孟阳，晋朝文学家，有《张孟阳集》传世。远祖纳：即陆纳，字祖言，东晋时任吏部尚书等职，陆羽与其同姓，故尊为远祖。谢安：字安石，东晋名臣。左思：字太冲，西晋著名文学家，代表作有《三都赋》《咏史》等。

⑨两都：指长安和洛阳。荆：指荆州，治所在今湖北江陵。俞：或作渝，指渝州，治所在今重庆市一带。

⑩痷：病态。

⑪飞湍：快速流动的急流。壅潦：停滞的积水。潦：雨后的积水。

⑫操艰搅遽：操作艰难、慌乱。遽，惶恐、窘急。

走笔谢孟谏议寄新茶

这首诗是有"茶仙""茶痴"之名的中唐诗人卢仝的咏茶绝唱，别名《七碗茶歌》《七碗茶诗》，俗称"玉川茶歌"，在中国茶文化史上与唐人陆羽所撰《茶经》齐名，据说日本人还据此演绎出一套茶道流程。

卢仝的好朋友谏议大夫孟简派人把得到的新茶送给卢仝，卢仝饮用之后，即兴而作此篇。关于"七碗茶"的一段因为太过精彩，所以常常被人取出来单列成篇。

日高丈五睡正浓①，军将打门惊周公②。

口云谏议送书信，白绢斜封三道印③。

开缄宛见谏议面④，手阅月团三百片⑤。

闻道新年入山里，蛰虫惊动春风起⑥。

天子须尝阳羡茶⑦，百草不敢先开花。

仁风暗结珠琲瓃⑧，先春抽出黄金芽。

摘鲜焙芳旋封裹，至精至好且不奢。

至尊之余合王公⑨，何事便到山人家⑩。

柴门反关无俗客⑪，纱帽笼头自煎吃⑫。

碧云引风吹不断⑬，白花浮光凝椀面⑭。

一椀喉吻润⑮，两椀破孤闷。

三椀搜枯肠，唯有文字五千卷。

四椀发轻汗，平生不平事，尽向毛孔散。

五椀肌骨清，六椀通仙灵。

七椀吃不得也，唯觉两腋习习清风生。

蓬莱山⑯，在何处？

玉川子，乘此清风欲归去。

山上群仙司下土⑰，地位清高隔风雨。

安得知百万亿苍生命，堕在巅崖受辛苦！

便为谏议问苍生，到头还得苏息否⑱？

【注释】

①丈五：一丈五尺。唐制小尺为一丈约合 3.11 米，大尺一丈约合 3.6 米。

②军将：泛指唐代藩镇领军官职。打门：叩门。周公：指处于睡梦当中。

③白绢斜封三道印：指书信是以白绢书写的，外面有倾斜缄封标记，并加上三道泥印封口。

④开缄：开封。

⑤手阅：用手抚摸。月团：团茶名，或是以月为印饰的茶饼。

⑥蛰虫：泛指蛰居于泥土之中的昆虫。

⑦须：等待。阳羡茶：即阳羡贡茶，是当时非常有名的茶。阳羡，在今江苏省宜兴市。

⑧仁风：仁爱之风。琲瓃：同"蓓蕾"。

⑨至尊：指天子。

⑩山人：山野之人，指诗人自己。

⑪柴门反关：树枝编扎之院门从门外关闭，犹今言大门反锁。

⑫纱帽：即乌纱帽，隋唐时是贵族的常服。笼头：戴在头上笼住头发。

⑬碧云引风：这里是将煎煮当中的茶叶比作碧色的茶云。风，煮茶水沸腾发出的声音。

⑭白花：指煎茶时煮茶水浮起的泡沫。椀：同"碗"，下同。面：表也。

⑮吻：嘴唇。

⑯蓬莱山：神话传说中的海上三神山之一。

⑰司：主宰。

⑱苏息：复苏生息。

饮茶歌诮程石使君

　　《饮茶歌诮崔石使君》是一首僧皎然所做的五、七言古体茶歌。该诗约作于唐德宗贞元元年（785），题中虽冠以"诮"字，微含讥嘲之意，乃为诙谐之言。其意在倡导以茶代酒，探讨茗饮艺术境界。皎然在茶诗中，探索品茗意境的鲜明艺术风格，对唐代中后期中国茶文学——咏茶诗歌的创作和发展，产生了潜移默化的积极影响，也对中日两国茶道的发展有促进作用。

　　　　越人遗我剡溪茗①，采得金芽爨金鼎②。

　　　　素瓷雪色缥沫香③，何如诸仙琼蕊浆④。

　　　　　一饮涤昏寐，情思朗爽满天地；

　　　　　再饮清我神，忽如飞雨洒轻尘；

　　　　　三饮便得道，何须苦心破烦恼。

　　　　此物清高世莫知，世人饮酒多自欺。

　　　　愁看毕卓瓮间夜⑤，笑向陶潜篱下时⑥。

　　　　崔侯啜之意不已，狂歌一曲惊人耳⑦。

　　　　孰知茶道全尔真⑧，惟有丹丘得如此⑨。

【注释】

①遗（wèi）：赠送。剡溪：水名，位于浙江东部，又名剡江、剡川，全长二百多千米，是著名的风景名胜，在剡溪区域曾有四百多位唐代诗人在此留下足迹，故"剡溪"也被誉为"唐诗之路"。

②金芽：鹅黄色的嫩芽。爨：烹煮。金鼎：风炉，煮茶器具。

③素瓷雪色：白瓷碗里的茶汤。缥沫香：青色的饽沫。

④琼蕊：琼树之蕊，传说服之可以长生不老。

⑤毕卓：晋朝官员，嗜酒如命。一天夜里，他循着酒香，跑去偷喝别人的酒，醉得不省人事，被伙计们捆起来放在酒瓮边。次日掌柜发现捆的是官员，哭笑不得，此事被传为笑谈。

⑥陶潜：即陶渊明。篱下：陶渊明《饮酒诗》："采菊东篱下，悠然见南山。"

⑦崔侯啜之意不已，狂歌一曲惊人耳：指崔石使君饮酒过多时，还会发出惊人的狂歌。狂歌，放歌而无节。

⑧茶道：这里是历史上"茶道"一词的最早出处，比日本使用"茶道"一词早了八百余年。

⑨丹丘：即丹丘子，传说中的神仙。

西山兰若试茶歌

本诗是作者刘禹锡任朗州司马时所写的一首赞茶

诗。作者嗜茶，他在常德十年，盛赞西山寺北竹荫处生长的好茶，把茶的采、制、煮、饮及其功效都描述得生动形象。

常德在唐代就出产茶。诗中"斯须炒成满室香"句，说明唐代少数地区出现了炒青绿茶工艺，这是公认的我国炒青绿茶最早史料，是很珍贵、很有价值的。

西山兰若试茶歌①

山僧后檐茶数丛②，春来映竹抽新茸③。

宛然为客振衣起④，自傍芳丛摘鹰觜⑤。

斯须炒成满室香⑥，便酌砌下金沙水⑦。

骤雨松声入鼎来⑧，白云满碗花徘徊⑨。

悠扬喷鼻宿酲散⑩，清峭彻骨烦襟开⑪。

阳崖阴岭各殊气⑫，未若竹下莓苔地⑬。

炎帝虽尝未解煎，桐君有箓那知味⑭。

新芽连拳半未舒⑮，自摘至煎俄顷馀⑯。

木兰沾露香微似⑰，瑶草临波色不如⑱。

僧言灵味宜幽寂⑲，采采翘英为嘉客⑳。

不辞缄封寄郡斋㉑，砖井铜炉损标格㉒。

何况蒙山顾渚春㉓，白泥赤印走风尘㉔。

欲知花乳清泠味㉕，须是眠云跂石人㉖。

【注释】

①兰若：梵文"阿兰若"的简称，即寺庙。

②后檐：指代寺庙的后面。

③新茸：茶叶芽背面生长的白毫，这里指代新生的茶芽。

④宛然：好像。

⑤鹰觜：茶芽的美称。

⑥斯须：一会儿。

⑦金沙水：在浙江长兴山顾山啄木岭。

⑧骤雨松声：形容煮茶时水沸腾时发出的声音。

⑨白云、花：这里指浮在茶汤表面的白沫。

⑩悠扬：指茶的香气悠长。喷鼻：指茶香扑鼻。宿醒散：醒酒。

⑪清峭彻骨：清新高雅的茶香渗透入骨。烦襟开：扫除胸中的所有烦闷。

⑫阳崖阴岭各殊气：山南与山北气候不一样。

⑬未若竹下莓苔地：都没有竹下莓苔地的茶叶好。

⑭桐君：相传是黄帝手下的大臣，是中国古代传说中最早的药学家。

⑮连拳：蜷曲着。

⑯俄顷：顷刻之间。

⑰木兰：茶香似木兰花香。

⑱瑶草：古时人们想象中的仙草。

⑲幽寂：僧人坐禅需要喝茶，以达到坐禅时不食不睡，进入寂的境界。

⑳翘英：草木的精英，指茶叶。

㉑郡斋：郡守的住所。

㉒标格：风格、茶味。

㉓蒙山：指四川蒙顶茶。顾渚：浙江紫笋茶。

㉔白泥赤印：古代邮寄物品，都在封裹之后用泥打上印章，称封泥印。这是说多么好的茶叶经过长途风尘运输，茶叶也要受损。

㉕花乳：茶汤。清泠味：清凉的味道。

㉖眠云跂石：眠于云间，坐在石上。这里是说只有山区种茶的人才能尝到真正的茶味。

大唐各地名茶

　　唐代是我国茶叶生产和茶文化发展历史上的鼎盛时期，茶叶品名多，《茶经》也说："滂时浸俗盛于国朝，两都并列荆渝间，以为比屋之饮。"饮茶、品茶遍及全国，茶书、诗歌、艺文不断涌现。茶类文献成就最高的就是陆羽的《茶经》，除此之外还有一部著名的茶类著作《膳夫经手录》也很有代表性，此书成书于晚唐，内容极为丰富，对各地茶叶名品加以评价，比较客观，是对《茶经》的补充和拓展。下面就节选该书中关于各地茶叶品评的部分解读给大家。

茶，古不闻食之。近晋、宋以降①，吴人采其叶煮，是为茗粥。至开元、天宝之间，稍稍有茶②，至德、大历遂多③，建中以后盛矣④。茗、丝、盐、铁，管榷存焉⑤。今江夏已东，淮海之南，皆有之。今略举其尤处，别为二品总焉。

新安茶⑥，今蜀茶也，与蒙顶不远⑦，但多而不精，地亦不下。故析而言之，犹可以首冠诸茶。春时，所在吃之皆好。及将至他处，水土不同，或滋味殊于出处。惟蜀茶南走百越，北临五湖，皆自固其芳香，滋味不变，由此尤可重之。自谷雨以后，岁取数百万斤，散落东下，其为功德也如此。

饶州浮梁茶⑧，今关西山东、闾阎村落皆吃之⑨。累日不食犹得，不得一日无茶也。其于济人，百倍于蜀茶，然味不长于蜀茶。

蕲州茶、鄂州茶、至德茶⑩，以上三处出处者，并方斤厚片，自陈、蔡已北，幽、并已南⑪，人皆尚之。其济生⑫、收藏、榷税，又倍于浮梁矣。

衡州衡山，团饼而巨串⑬，岁取十万。自潇湘达于五岭，皆仰给焉。其先春好者，在湘东皆味好，及至湖北，滋味悉变。然虽远自交趾之人，亦常食之，功亦不细。

潭州茶，阳团茶（粗、恶），渠江薄片茶（有油、苦硬）、江陵南木茶（凡下），施州方茶（苦、硬）⑭，已上四处，悉皆味短而韵卑。惟江陵、襄阳皆数十里食之，其他不足记也。

建州大团⑮，状类紫笋，又若今日大胶片。每一轴十片余，将取之，必以刀刮，然后能破，味极苦，唯广陵、山阳两地，人好尚之，不知其所以然也，或曰疗头痛，未详（以上以多为贵）。

蒙顶（自此以降，言少而精者）。始，蜀茶得名蒙顶也，于元和以前，束帛不能易一斤先春蒙顶。是以蒙顶前后之人，竞栽茶以规厚利。不数十年间，遂斯安草市，岁出千万斤。虽非蒙顶，亦希颜之徒。今真蒙顶有鹰嘴、牙白茶，供堂亦未尝得其上者，其难得也如此。又尝见书品，论展陆笔工，以为无等，可居第一。蒙顶之列茶间，展陆之论，又不足论也。

湖（州）顾渚，湖南紫笋茶，自蒙顶之外，无出其右者。

峡州茱萸簝⑯，得名近自长庆⑰，稍稍重之，亦顾渚之流也。自是碧涧茶、明月茶、峡中香山茶，皆出其下。夷陵又近有小江源茶，虽所出至少，又胜于茱萸簝矣。

舒州天柱茶⑱，虽不峻拔遒劲，亦甚甘香芳美，可重也。

岳州㴩湖所出亦少⑲，其好者，可企于茱萸簝。此种茶性有异，唯宜江水煎得，井水即赤色而无味。

蕲州蕲水团黄、团薄饼⑳，每捆至百余斤，率不甚麄弱。其有露消者，片尤小，而味甚美。

寿州霍山小团㉑，其绝好者，上于汉美。所阙者，馨花颖脱。

睦州鸠坑茶㉒，味薄，研膏绝胜霍山者。

福州正黄茶，不知在彼味峭。上下，及至岭北，与香山、明月为上下也。

崇州宜兴茶㉓，多而不精，与鄂州团黄为列。

宣州鹤山茶㉔，亦天柱之亚也。

东川昌明茶㉕，与新安含膏㉖，争其上下。

歙州、婺州、祁门、婺源方茶㉗，制置精好，不杂木叶，自梁、宋、幽并间，人皆尚之。赋税所入，商贾所赍㉘，数千里不绝于道路。其先春含膏亦在顾渚茶品之亚列，祁门所出方茶，川源制度略同，差小耳。

【注释】

①晋、宋：晋朝到南朝宋，265年—420年。

②开元、天宝之间：713年—756年。

③至德：756年—758年。大历：766年—779年。

④建中：780年—783年。

⑤管榷：专卖制度。榷，通"榷"。

⑥新安茶：唐代时雅州芦山有新安乡，邻近蒙顶。蒙顶山位于今四川省雅安市境内，四川盆地西南部。

⑦蒙顶：为了区别于蒙山的其他区域，蒙顶仅指蒙山的主峰周围地区，即今蒙顶山。蒙顶茶少而精，与大蒙山新安茶有别。

⑧饶州：在今江西省饶州市浮梁县。

⑨关西：潼关以西。山东：太行山以东。闾阎：乡里。

⑩蕲州茶：指今湖北省蕲州市蕲春蕲水所产的团黄、饼茶。鄂州茶：指湖北蒲圻、崇阳所产的团黄茶。至德茶：指安徽池州至德县所产的饼茶。

⑪陈：河南东部至安徽北部一带。蔡：今河南上蔡地区。幽：京津等地。并：山西中部。

⑫济生：养生保健。

⑬衡州衡山：指湖南衡阳、衡山等地。

⑭潭州、阳团、渠江、江陵、施州：今湖南省长沙、湘潭、益阳、株洲等地。

⑮建州：今福建省建州市建瓯。

⑯峡州：今湖北省宜昌市。

⑰长庆：唐穆宗年号（821—824）。

⑱舒州天柱：今安徽省岳西县潜山。

⑲岳州：今湖南省岳阳市。

⑳蕲州蕲水：湖北省蕲州市蕲春。

㉑寿州霍山：安徽省寿州、霍山。

㉒睦州：浙江省睦州淳安县。

㉓崇州宜兴：宜兴在唐代属常州府，这里称"崇州"，有误。

㉔宣州鸦山茶：又称鸭山茶，在今安徽省宣州市宣城丫山。

㉕东川昌明：指绵州昌明县，在今四川省江油市北兽目山。白居易《春尽日》诗"渴尝一碗绿昌明"指此。

㉖新安含膏：唐代饼茶制造有研膏（压膏），即捣后榨去部

分茶汁和不研膏（含膏），即不榨去茶汁之分。新安含膏仿造蒙顶不压膏露芽茶制法，故名。

㉗歙州：今安徽省歙县。婺州：今浙江省武义江、金华江流域诸县。祁门：今安徽省祁门。婺源：今江西省婺源。

㉘赀（zī）：通"资"，钱财。

茗粥，茶与粥的结合

其实茗粥不是唐代人的发明。陆羽《茶经》中，便记载了西晋时期一件与茗粥有关的事件，傅咸《司隶教》曰："闻南市有蜀妪作茶粥卖，为廉事打破其器具，后又卖饼于市。而禁茶粥以困蜀妪，何哉？"由此可见，西晋时不仅已经有了茗粥的做法，而且已经有了贩卖茗粥的小贩。到了唐代，茗粥盛行一时，后来还传到了日本，并绵延传承至今。

吃茗粥作①

储光羲

当昼暑气盛，鸟雀静不飞。

念君高梧阴，复解山中衣。

数片远云度，曾不蔽炎晖。

淹留膳茶粥②，共我饭蕨薇③。

敝庐既不远，日暮徐徐归。

【注释】

①茗粥：又叫茶粥。唐代起就有"茗粥"的说法，茶粥有双重意思，一是"煮制的浓茶，由于其表面凝结出一层类似粥膜的薄膜而称为'茶粥'"，二是以茶汁煮成的粥。

②淹留：羁留，逗留。

③蕨薇：蕨与薇，这里泛指各种野菜。

赠吴官①

王　维

长安客舍热如煮，无个茗糜难御暑②。

空摇白团其谛苦③，欲向缥囊还归旅④。

江乡鲭鲊不寄来⑤，秦人汤饼那堪许⑥。

不如侬家任挑达⑦，草属捞虾富春渚⑧。

【注释】

①吴官：指在京的家乡是吴地的官员。

②茗糜：即茶粥。

③白团：团扇的一种。谛苦：指佛教四谛之一的苦谛，苦谛指世俗世界的一切事物本性均为"苦"。

④向：与。缥囊：用淡青色的丝帛制成的书囊。旅：行。

⑤鲭：青鱼。鲊：一种腌制的鱼。

⑥汤饼：汤煮的面食。

⑦侬家：古代吴地之人的自称。挑达：自由往来的样子。

⑧草屩：草鞋。富春：今浙江省富阳市，位于富春江边。渚：水边。

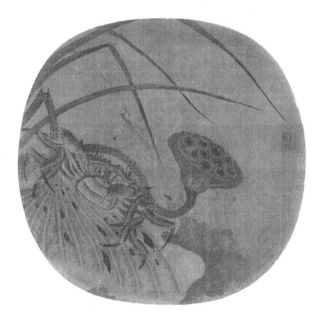

《晚荷郭索图》

　　郭索是形容螃蟹爬行的样子。中国人吃螃蟹的历史至少有三千年以上了，早期主要是煮蟹、做蟹肉酱，后来又衍生出烤蟹、腌制螃蟹、蟹伴饧等吃法。到了唐代，螃蟹也是著名美食之一，还出现了以橙膏调味吃蟹的新方法。李白、唐彦谦等大诗人都曾盛赞螃蟹的美味。

　　这幅画虽然是记录五代十国时南唐大臣韩熙载夜宴场景的，但此时距离唐朝灭亡不过三四十年，且南唐国主自称唐宪宗后裔，因此服饰、器具、宴会习惯等都刻意模仿唐朝，我们可以从中管窥唐朝宴会与饮食的特点。

《韩熙载夜宴图》(局部)

《耕渔图》(局部)

　　唐代是中国封建社会最强盛的时期之一，生产力水平也达到了一个新的高度，农业、渔业飞速发展，以此为基础，才有了唐朝丰富多彩的美食。

文人墨客的杯中之好

大唐名酒遍天下

唐代的酒主要有米酒、果酒以及配制酒，其中米酒的产量最多，饮用的人数也是最多的。果酒主要是葡萄酒。配制酒主要是以米酒为基酒，再配以香料或药材，经过浸泡、蒸煮而成。流行的配制酒有节令酒、香料酒、松醪酒等。

除了以原料划分酒的种类之外，还有按时间划分的，如节令酒是在特定节日饮的酒品，如在端午节要饮艾酒、菖蒲酒；重阳节要饮茱萸酒。还有以特殊材料划分的，如香料酒主要由官桂酒（以官桂为原料，浸泡在米酒当中）和各种花卉配置的香酒。松醪酒是用松脂、松花、松叶等为主料，泡在米酒当中。唐代认为松树为常青之物，用来泡酒有养生的效果。

以上这些都是酒的大类，让我们走进唐朝酒的世界，品味穿越千年而来的酒的醇香。

郢州之富水①，乌程之若下②，荥阳之土窟春③，富平之石冻春④，剑南之烧春⑤，河东之乾和葡萄⑥，岭南之灵溪⑦，博罗、宜城之九酝⑧，浔阳之湓水⑨，京城之西市腔、虾蟆陵、郎官清、阿婆清，又有三勒浆类酒，法出波斯。（《唐国史补》）

【注释】

①郢州：唐朝的郢州指鄂州，治所在今湖北武昌。

②乌程：在今浙江湖州。

③荥阳：在今河南郑州一带。

④富平：在今陕西渭南。

⑤剑南：贞观元年（627），唐朝废除州、郡制，改益州为剑南道，治所位于成都。

⑥河东：在古代指山西西南部，位于秦晋大峡谷中黄河段乾坤湾、壶口瀑布及禹门口（古龙门）至鹳雀楼以东的地区。

⑦岭南：是我国南方五岭以南地区的概称，以五岭为界与内陆相隔。五岭由越城岭、都庞岭、萌渚岭、骑田岭、大庾岭五座山组成，大体分布在广西东部至广东东部和湖南、江西四省区边界处。

⑧博罗：在今广东惠州。宜城：在今湖北襄阳。

⑨浔阳：在今江西九江。

上好神仙不死之术①。而方士田佐、元僧大通皆令入宫禁②，以鍊石为名③。时有处士伊祁元解，缤发童颜④，气息香洁。常乘一黄牝马，才高三尺，不唉刍粟，但饮醇酎⑤，不施缰勒，唯以青毡藉其背。常游历青间。若与人款曲语，话千百年事，皆如目击。上知其异人，遂令密召入宫，处九华之室，设紫茭之席，饮龙膏之酒。紫茭席色紫而类茭叶，光软香净，冬温夏凉。龙膏酒黑如纯漆，饮之令人神爽。此本乌弋山离国所献⑥。(《杜阳杂编》⑦)

【注释】

①上：这里指唐顺宗。

②宫禁：帝王及其后妃居住的地方。

③鍊：同"炼"，古人认为能够使人长生的东西必然是不腐不朽的，因此各种矿石与丹药是重要原料，需要经过提炼后服用。

④缤发：黑发。

⑤醇酎：味厚的美酒。

⑥乌弋山离国：位于亚洲西部伊朗高原东部的一个地区。

⑦《杜阳杂编》：唐代苏鹗编撰，该书记录了唐代宗至唐懿宗十朝的各类民间传说、野史逸闻等。

葡萄美酒夜光杯

我们今天提到葡萄酒，往往觉得是从国外传到中国的，其实葡萄酒对于中国人而言，究竟是自己的发明还是舶来品，始终存在争议。早在《诗经·七月》中就提到："六月食郁及薁。"薁就是蘡薁，李时珍《本草纲目》提到蘡薁是一种野生葡萄。1980年在河南省发掘的一个商代后期的古墓中，发现了一个密闭的铜卣，后经北京大学化学系分析，铜卣中的酒类残渣当中含有葡萄成分。

《史记》中对汉朝学习种植葡萄、酿造葡萄酒的过程有记载，当时的葡萄酒非常昂贵。《续汉书》提及：扶风孟佗送了一斛葡萄酒给大宦官张让，终于当上了凉州刺史。汉朝的一斛约等于现在的二十升，大约是一大桶。孟佗用一大桶葡萄酒就成为凉州刺史，可见葡萄酒的珍贵。

中国葡萄酒的大规模酿造，是从唐朝开始的，也是借助一场战争的胜利。640年，唐太宗平定西域高昌国，此后当地的葡萄酒酿造技术也就随着战俘传入中原。唐太宗从高昌国获得马乳葡萄种和葡萄酿酒法后，不仅在皇宫御苑里大种葡萄，还亲自参与葡萄酒的酿制。从此葡萄酒开始风行大江南北，逐渐走入寻常百姓家。

太宗破高昌①，收马乳蒲桃种于苑②，并得酒法，仍自损益

之，造酒成绿色，芳香酷烈，味兼醍醐③，长安始识其味也。(《南部新书》)

【注释】

①太宗破高昌：贞观初年，西域高昌王麹文泰朝贡唐朝。后来，麹文泰与西突厥结盟，唐太宗派遣侯君集、薛万均等大将征讨。贞观十四年(640)，大凉、高昌相继为唐所灭，置高昌县。

②马乳蒲桃：马乳葡萄，主产于新疆吐鲁番盆地和南疆的墨玉、皮值山县。

③醍醐：原义是从酥酪中提制出的油，这里喻指美酒。

魏左相能治酒①，有名曰"醽渌翠涛"，常以大金罂内贮盛②，十年饮不败，其味即世所未有。太宗文皇帝尝有诗赐公，称："醽渌胜兰生，翠涛过玉薤。千日醉不醒，十年味不败。"(《龙城录》)

【注释】

①魏左相：即唐代名臣魏徵，当时担任左侍中，位同宰相，因此称为左相。

②罂：盛水贮粮的器具。

古从军行

李　颀

白日登山望烽火①，黄昏饮马傍交河②。

行人刁斗风沙暗^③，公主琵琶幽怨多^④。

野云万里无城郭，雨雪纷纷连大漠。

胡雁哀鸣夜夜飞，胡儿眼泪双双落。

闻道玉门犹被遮，应将性命逐轻车^⑤。

年年战骨埋荒外，空见蒲桃入汉家^⑥。

【注释】

①烽火：古代一种警报。

②饮（yìn）马：给马喂水。傍：顺着。交河：古县名，故城在今新疆吐鲁番以西。

③行人：出征的将士。刁斗：古代军队当中的铜制炊具，容量为一斗。白天用来煮饭，晚上通过敲击来代替更柝。

④公主琵琶：汉武帝时代以江都王刘建女细君嫁给乌孙国王昆莫，因为担心其途中烦闷，因此弹琵琶来作为公主的娱乐项目。

⑤闻道玉门犹被遮，应将性命逐轻车：汉武帝曾命贰师将军李广利攻大宛，欲至贰师城取良马，战不利，广利上书请求退兵回国，武帝大怒，命使者来到玉门关，说："军有敢入，斩之！"这两句诗其实是说边疆战事还在进行，只能跟随将军拼命战斗。

⑥蒲桃：即葡萄。

对　酒

李　白

蒲萄酒①，金叵罗②，吴姬十五细马驮③。

青黛画眉红锦靴④，道字不正娇唱歌。

玳瑁筵中怀里醉⑤，芙蓉帐底奈君何⑥。

【注释】

①蒲萄酒：即葡萄酒，据《太平寰宇记》载西域有之，及唐贞观中传入，芳香酷烈。

②叵罗：或作"颇罗"，胡语中"酒杯"的音译。

③细马：体型较小的骏马。

④青黛：古代画眉用的颜料，其色青黑。红锦靴：唐代常见的靴子样式。《图画见闻志》："唐代宗朝令宫人侍左右者穿红锦靿靴。"

⑤玳瑁筵：也作瑇瑁筵，是豪华奢侈的筵席。唐太宗《帝京篇》有"罗绮昭阳殿，芬芳瑇瑁筵"的诗句。

⑥芙蓉帐：用芙蓉花染缯制成的帐子，泛指华丽的帐子。

凉州词

王　翰

葡萄美酒夜光杯①，

欲饮琵琶马上催②。

醉卧沙场君莫笑③，

古来征战几人回④？

【注释】

①夜光杯：用白玉制成的酒杯，光可照明，这里指华贵而精美的酒杯。据《海内十洲记》记载，是周穆王时期由西胡进贡的宝物。

②琵琶：这里指作战时用来发出号角的声音时用的乐器。催：催人出征，也有一些人认为是以琵琶鸣奏来助兴。

③沙场：战场。君：您。

④古来：自古以来。

襄阳歌①

李 白

落日欲没岘山西②，倒着接䍦花下迷③。

襄阳小儿齐拍手，拦街争唱白铜鞮。

旁人借问笑何事，笑杀山翁醉似泥④。

鸬鹚杓，鹦鹉杯⑤。

百年三万六千日，一日须倾三百杯。

遥看汉水鸭头绿⑥，恰似葡萄初酦醅⑦。

此江若变作春酒，垒曲便筑糟丘台⑧。

千金骏马换小妾⑨，笑坐雕鞍歌落梅⑩。

车旁侧挂一壶酒，凤笙龙管行相催⑪。

咸阳市中叹黄犬⑫，何如月下倾金罍⑬？

君不见晋朝羊公一片石⑭，龟头剥落生莓苔⑮。

泪亦不能为之堕，心亦不能为之哀。

清风朗月不用一钱买，玉山自倒非人推。

舒州杓⑯，力士铛⑰，李白与尔同死生。

襄王云雨今安在？江水东流猿夜声。

【注释】

①襄阳歌：是李白创辞的杂歌谣辞。襄阳，唐朝县名，今属湖北。

②岘山：也称岘首山，在今湖北襄阳市南。

③倒着接䍦：倒着戴以白鹭羽为饰的帽子，借指醉态。这里是运用山简的典故。山简是魏晋时期名士，嗜酒，有儿童作歌以嘲之。

④山翁：即山简。

⑤鸬鹚杓（sháo）：形如鸬鹚颈的长柄酒勺。鹦鹉杯：以鹦鹉螺制成的酒杯。

⑥鸭头绿：当时印染界的术语，指一种类似鸭头上的绿毛的颜色。

⑦酦醅：重酿而没有经过过滤的酒。

⑧垒：堆积。糟：俗称酒母，即酿酒时所用的发酵糖化剂。

糟丘台：酒糟堆成的山丘高台。据说商纣王嗜酒，以糟为丘。

⑨千金骏马换小妾：《独异志》记载："后魏曹彰性偶傥，偶逢骏马爱之，其主所惜也。彰曰：'予有美妾可换，惟君所选。'马主因指一妓，彰遂换之。"

⑩笑：一作醉。落梅：即《梅花落》，乐府横吹曲名。

⑪凤笙：笙形似凤。龙管：笛子的别称。

⑫咸阳市中叹黄犬：指代秦相李斯被杀的典故。

⑬罍：酒器。

⑭羊公：指羊祜，西晋大臣。一片石：指堕泪碑。羊祜生前极得人心，他死后，襄阳百姓为纪念他，特地在羊祜生前喜欢游览之地岘山建庙立碑，称为羊公碑。此后每逢时节，周围的百姓都会祭拜他，睹碑生情，莫不流泪，羊祜的继任者、西晋名臣杜预因此把它称作堕泪碑。

⑮龟：古时碑石下的石刻动物，称为赑屃，形状似龟。

⑯舒州杓：舒州（今安徽潜山县一带）出产的勺。唐时舒州以产酒器著名。

⑰力士铛（chēng）：一种温酒的器具。

寄献北都留守裴令公（节选）

白居易

豹尾交牙戟，虬须捧佩刀。通天白犀带①，照地紫麟袍②。

羌管吹杨柳，燕姬酌蒲萄③。银含凿落盏，金屑琵琶槽④。

遥想从军乐，应忘报国劳。紫微留北阙，绿野寄东皋⑤。

……

为穆先陈醴⑥，招刘共藉糟⑦。舞鬟金翡翠，歌颈玉蛴螬。

盛德终难过，明时岂易遭。公虽慕张范，帝未舍伊皋。

【注释】

①犀带：饰有犀角的腰带，是当时高官权贵佩戴的。

②紫麟袍：绣有麒麟的紫色官服。唐代以紫色为贵，紫麟袍是高官服饰。

③蒲萄：这里指葡萄酒。

④凿落盏：一种酒杯。琵琶槽：琵琶上架弦的格子。亦指琵琶。

⑤东皋：水边向阳高地。也泛指田园、原野。

⑥陈醴：同"设醴"。典出《汉书·楚元王列传》："元王每置酒，常为穆生设醴。"颜师古注："醴，甘酒也。"后以"设醴"指礼遇贤士。

⑦招刘共藉糟：指枕麹藉糟的典故，指枕着酒，垫着酒糟，谓嗜酒、醉酒。出自《昭明文选·酒德颂》。

自来酒"洞天鉼"

我们的日常生活离不开自来水，但很少有人知道唐朝还有自来酒，当时的人们称为"洞天餠"。餠也就是瓶子的意思，洞天则取别有洞天的意思，也算是古代的一种新奇的饮酒之法。出自唐人冯贽撰写的杂记《云仙杂记》，这是一本古代逸事和传说的文人笔记。

虢国夫人就在屋梁上悬鹿肠于半空①，筵宴则使人从屋上注酒于肠中，结其端②，欲饮则解开，注于盃中③，号洞天圣酒将军，又曰洞天餠。（《云仙杂记》）

【注释】

①虢国夫人：唐玄宗宠妃杨玉环的姐姐。

②结其端：在肠子的末端打一个结，阻止酒流出。

③盃：杯子。

玉碗盛来琥珀光

琥珀，是一种透明的生物化石，是松柏科、云实科、南洋杉科等植物的树脂化石。树脂滴落，掩埋在地下千万年，在压力和热力的作用下石化形成琥珀，有的内部包有蜜蜂等小昆虫，奇丽异常。而唐代文人口中的琥珀酒并不是琥珀酿造的酒，"琥珀"只是指酒的颜色是半透明的红黄色，是作为"酒"的性质定语。

客中作①

李　白

兰陵美酒郁金香②，玉碗盛来琥珀光③。

但使主人能醉客④，不知何处是他乡。

【注释】

①客中：指旅居他乡。孟浩然《早寒江上有怀》诗："我家襄水上，遥隔楚云端。乡泪客中尽，孤帆天际看。"

②兰陵：在今山东省临沂市苍山县。一说为兰陵镇，在今四川省境内。郁金香：散发出郁金的香气。郁金，一种香草，也可入药，用来浸酒，酒呈现金黄色，并非我们今天说的花卉郁金香。

③玉碗：玉制的食具，也泛指精美的碗。三国时期嵇康《答难养生论》："李少君识桓公玉椀。"椀，同"碗"。琥珀：一种树脂形成的化石，呈黄色或赤褐色，色泽晶莹美丽。这里是形容美酒的色泽犹如琥珀一般。

④但使：只要。醉客：让客人喝醉。醉，使其醉。

⑤他乡：异乡，家乡之外的地方。

城南亭作

张　说

珂马朝归连万石①，椠门洞启亲迎客。

北堂珍重琥珀酒，庭前列肆茱萸席②。

长袖迟回意绪多，清商缓转目腾波。

旧传比翼侯家舞，新出将雏主第歌。

汉家绛灌余兵气③，晋代浮虚安足贵。

正逢天下金镜清④，偏加日饮醇醁意。

谁复遨游不复归，闲庭莫畏不芳菲。

会待城南春色至，竟将花柳拂罗衣。

【注释】

①珂马：佩饰华丽的马。万石：泛指官职高的人。

②列肆：成列的商铺。

③绛：指绛侯周勃，西汉开国功臣。灌：灌婴，西汉开国
功臣，以骁勇著称。

④金镜：显明的正道。

与鲜于庶子泛汉江

岑　参

急管更须吹，杯行莫遣迟。

酒光红琥珀，江色碧琉璃[①]。

日影浮归棹，芦花罥钓丝[②]。

山公醉不醉[③]，问取葛强知。

【注释】

①碧琉璃：碧绿色的琉璃。也喻指碧绿色的光莹、透明之物。唐代李涉《题水月台》诗："水似晴天天似水，两重星点碧琉璃。"明代陈继儒《珍珠船》记载："（唐）德宗时，吴明国贡鸾蜂蜜……其色碧，贮白玉碗，表里如碧琉璃。"

②罥：缠绕。

③山公醉：同"山简醉"。唐代孟浩然《裴司士见访》诗："谁道山公醉，犹能骑马廻。"

将进酒[①]

李　贺

琉璃钟[②]，琥珀浓[③]，小槽酒滴真珠红[④]。

烹龙炮凤玉脂泣[⑤]，罗屏绣幕围香风[⑥]。

吹龙笛[⑦]，击鼍鼓[⑧]，皓齿歌，细腰舞。

况是青春日将暮，桃花乱落如红雨。

劝君终日酩酊醉[⑨]，酒不到刘伶坟上土[⑩]。

【注释】

①将进酒：原本是汉乐府短箫铙歌的曲调，这里意为"劝

酒歌"。

②琉璃钟：用琉璃做成的盛酒器皿。

③琥珀：色黄净的美酒。

④槽酒：酿酒的器皿。真珠红：名贵的红酒。真珠，比喻酒色柔润、莹洁。

⑤玉脂泣：喻指油脂在烹煮时发出的声响。

⑥罗屏：也作"罗帏"。

⑦龙笛：长笛。

⑧鼍（tuó）鼓：用鼍皮制作的鼓。鼍，一说为扬子鳄。

⑨酩酊：大醉。

⑩刘伶：晋人，"竹林七贤"之一，以嗜酒著称，写有《酒德颂》。

荥阳郑德懋，常独乘马，逢一婢，姿色甚美，马前拜云："崔夫人奉迎郑郎。"愕然曰："素不识崔夫人，我又未婚，何故相迎？"婢曰："夫人小女，颇有容质，且以清门令族①，宜相匹敌。"

郑知非人，欲拒之，即有黄衣苍头十余人至曰②："夫人趣郎进③。"辄控马。其行甚疾，耳中但闻风鸣。奄至一处，崇垣高门，外皆列植楸桐。郑立于门外，婢先白。须臾，命引郑郎入。进历数门，馆宇甚盛，夫人着梅绿罗裙，可年四十许，姿容可爱，立于东阶下。侍婢八九，皆鲜整。郑趋谒再拜。夫人曰："无怪相屈耶？以郑郎清族美才，愿托姻好。小女无堪，幸能垂意。"

郑见逼，不知所对，但唯而已④。夫人乃堂上命引郑郎自西阶升。堂上悉以花罽荐地⑤，左右施局脚床七宝屏风黄金屈膝，门垂碧箔，银钩珠络。长筵列馔，皆极丰洁。乃命坐。夫人善清谈，叙置轻重，世难以比。食毕命酒，以银贮之，可三斗余，琥珀色，酌以镂杯⑥。侍婢行酒，味极甘香。

向暮，一婢前白："女郎已严妆讫。"乃命引郑郎出就外间，浴以百味香汤，左右进衣冠履佩。美婢十人扶入，恣为调谑。自堂及门，步致花烛，乃延就帐。女年十四五，姿色甚艳，目所未见。被服粲丽，冠绝当时，郑遂欣然，其后遂成礼。

明日，夫人命女与就东堂，堂中置红罗绣帐，衾褥茵席，皆悉精绝。女善弹箜篌，曲词新异。郑问："所迎婚前乘来马，今何在许？"曰："今已反矣。"如此百余日，郑虽情爱颇重，而心稍嫌忌。因谓女曰："可得同归乎？"女惨然曰："幸托契会，得侍中栉⑦。然幽冥理隔，不遂如何？"因涕泣交下。郑审其怪异，乃白夫人曰："家中相失，颇有疑怪，乞赐还也。"夫人曰："适蒙见顾，良深感慕。然幽冥殊途，理当暂隔。分离之际，能不泫然。"郑亦泣下。乃大醮会⑧，与别曰："后三年，当相迎也。"郑因拜辞，妇出门，挥泪握手曰："虽有后期，尚延年岁。欢会尚浅，乖离苦长。努力自爱。"郑亦悲惋。妇以衬体红衫及金钗一双赠别，曰："若未相忘，以此为念。"乃分袂而去。

夫人敕送郑郎，乃前青骢，被带甚精。郑乘马出门，倏忽复至其家，奴遂云："家中失已一年矣。"视其所赠，皆真物也。

其家语云:"郎君出行后,其马自归,不见有人送来。"郑始寻其故处,唯见大坟,旁有小塚,茔前列树,皆已枯矣。而前所见,悉华茂成荫。其左右人传崔夫人及小郎墓也。郑尤异之,自度三年之期,必当死矣。后至期,果见前所使婢乘车来迎。郑曰:"生死固有定命,苟得乐处,吾得何忧?"乃悉分判家事,预为终期,明日乃卒。(《宣室志》⑨)

【注释】

①清门:清贵的门第。令族:名门世族。

②苍头:仆人。

③趣:赶快。

④唯:答应。

⑤花罽:带花纹的毡毯。

⑥镂杯:带有镂空花纹的杯子。

⑦侍中栉:与"执巾栉"含义相同,是古时为人妻妾的谦辞。

⑧大酺会:召开大规模的宴会。

⑨《宣室志》:唐人张读所编撰的传奇小说集,共十卷。

喝酒时的奇闻逸事

喝酒是绝大多数人的喜好,喜欢的人一多就会衍生出各种各样的奇闻逸事,其中有精彩纷呈者,有令人称奇者,有荒诞不经者,林林总总,不一而足。

义宁初，一县丞衣缨之胄①。年少时，甚有丰采。涉猎书史，兼有文性。其后沉湎于酒，老而弥笃。日饮数升，略无醒时。得病将终，酒臭闻于数里，远近惊愕，不知所由。如此一旬②，此人遂卒。故释典戒酒③，令人昏痴。今临亡酒臭，彰其入恶道。（《五行记》）

【注释】

①衣缨之胄：与"簪缨之胄"含义相同，指出身于世代为官的显贵人家。

②一旬：十天。

③释典：佛经。

唐裴均之镇襄州①，裴弘泰为郑滑馆驿巡官②，充聘于汉南。遇大宴，为宾司所漏。及设会，均令走屈郑滑裴巡官。弘泰奔至，均不悦。责曰："君何来之后，大涉不敬。酌后至酒，已投乩筹。"弘泰谢曰："都不见客司报宴，非敢慢也。叔父舍罪，请在座银器，尽斟酒满之。器随饮以赐弘泰，可乎？"合座壮之，均亦许焉。弘泰次第揭座上小爵，以至觥船。凡饮皆竭，随饮讫。即置于怀，须臾盈满。筵中有银海，受一斗以上，其内酒亦满。弘泰以手捧而饮，饮讫。目吏人，将海覆地，以足踏之，抱而出，即索马归驿。均以弘泰纳饮器稍多，色不怪。

午后宴散，均又思弘泰之饮，必为酒过度所伤，忧之。迨暮，令人视饮后所为。使者见弘泰戴纱帽，于汉阴驿厅，箕踞而坐③。召匠秤得器物，计二百余两。均不觉大笑。明日再饮，回车日④，赠遗甚厚。(《乾𩞋子》⑤)

【注释】

①裴均（750—811）：字君齐，唐朝大臣，封郇国公，著名诗人。

②裴弘泰：裴均的侄子。巡官：唐朝时的巡官为节度、观察、团练、防御使僚属。

③箕踞：两脚张开，两膝微屈地坐着，形状像箕。这是一种不拘礼节、傲慢不敬的坐法。

④回车：调转车头，指送他回家的时候。

⑤《乾𩞋子》：唐代温庭筠撰写的一部小说集。

王源中①，文宗时为翰林承旨②。暇日，与诸昆季蹴鞠于太平里第③。球子击起，误中源中之额，薄有所损。俄有急召，比至，上讶之。源中具以上闻，上曰："卿大雍睦④。"命赐酒二盘，每盘贮十金碗，每碗各容一升许，宣今并碗赐之。源中饮之无余，略无醉容。(《摭言》⑤)

【注释】

①王源中：东晋丞相王导后人，唐朝大臣，官至礼部尚书。

②翰林承旨：即翰林学士承旨，为翰林学士之长，职权尤重，多至宰相，然仍为职衔，例由他官兼任。该职从唐宪宗起，不

只是单纯起草诏令，而是在禁中执掌机密，是唐朝实际上的宰相，被称为"内相"。

③蹴鞠：我国古代的一种类似足球的运动。

④雍睦：团结，和谐。

⑤《摭言》：五代十国南唐何晦撰写，共十五卷。

新州多美酒①。南方酒不用曲糵②，杵米为粉③，以众草叶胡蔓草汁溲④，大如卵，置蓬蒿中荫蔽，经月而成。用此合糯为酒。故剧饮之后，既醒，犹头热涔涔⑤，有毒草故也。南方饮既烧。即实酒满瓮，泥其上，以火烧方熟。不然，不中饮。既烧即揭瓶趋虚，泥固犹存。

沽者无能知美恶⑥，就泥上钻小穴可容筋，以细筒插穴中，沽者就吮筒上，以尝酒味，俗谓之"滴淋"。无赖小民空手入市，遍就酒家滴淋，皆言不中，取醉而返。

南人有女数岁，即大酿酒。既漉，候冬陂池水竭时，置酒罂，密固其上，瘗于陂中⑦。至春涨水满，不复发矣。候女将嫁，因决陂水，取供贺客。南人谓之"女酒"。味绝美，居常不可致也。
（《投荒杂录》）

【注释】

①新州：今广东省新安县。

②曲糵：发霉发芽的谷粒，即酒曲。

③杵米为粉：用杵臼将米捣成粉。

④胡蔓草：即断肠草。溲：发酵。

⑤泠泠：汗流浃背的样子。

⑥沽者：买酒的人。

⑦瘗：埋藏。

大中年①，丞郎宴席②，蒋伸在座③。忽斟一杯言曰："席上有孝于家，忠于国，及名重于时者，饮此爵。"众皆肃然，无敢举者。独李公景让起引此爵④，蒋曰："此宜其然。"（《卢氏杂说》）

【注释】

①大中年：是唐宣宗李忱的年号（847—860）。

②丞郎：唐、宋时代对尚书左右丞及六部侍郎的统称。

③蒋伸：唐朝大臣，曾任户部侍郎、兵部侍郎。

④李公景让：李景让，唐朝中期大臣、书法家，官至太子少保。

崔郸为京尹日①，三司使在永达亭子宴丞郎②。崔乘酒突饮，众人皆延之③。时谯公夏侯孜为户部使④，问曰："尹曾任给舍否⑤？"崔曰："无。"谯公曰："若不曾历给舍，京光尹不合冲丞郎宴。命酒乣来，命下筹，且吃罚爵。"取三大器物。引满饮之。良久方起。（《卢氏杂说》）

【注释】

①京尹：即京兆尹，唐朝在玄宗时正式设立京兆尹，主管

京城周边地区的行政与治安。

②三司使：唐代中期以后，财务行政渐趋繁杂，乃特简大臣分判度支、户部及充任盐铁转运使，分别管理财政收支、租赋与盐铁专卖事务。

③延：停下来。

④夏侯孜：亳州谯县人，唐宣宗宰相。唐懿宗时进司空。

⑤给舍：给事中及中书舍人的并称。

唐孙会宗仆射，即渥相大王父也。宅中集内外亲表开宴。有一甥侄为朝官，后至。及中门，见绯衣官人，衣襟前皆是酒涴①，咄咄而出，不相识。顷即席，说于主人。讶无此官。沉思之，乃是行酒时，阶上酹酒，草草倾泼也。自此每酹酒，止则身恭跪，一酹而已，自孙氏始，今人三酹非也。（《北梦琐言》②）

【注释】

①涴：弄脏。

②《北梦琐言》：中国古代笔记小说集，雅雨堂丛书本。宋代孙光宪撰。

天宝中，处士崔玄微洛东有宅，耽道①，饵术及茯苓三十载。因药尽，领童仆辈入嵩山采芝，一年方回，宅中无人，蒿莱满院。

时春季夜间，风清月朗，不睡，独处一院，家人无故辄不到。三更后，有一青衣云："君在院中也，今欲与一两女伴，过至上东门表姨处，暂借此歇，可乎？"玄微许之。须臾，乃有十余人，青衣引入。有绿裳者前曰："某姓杨氏。"指一人曰："李氏。"又一人曰："陶氏。"又指一绯衣小女曰："姓石，名阿措。"各有侍女辈。玄微相见毕，乃坐于月下。问行出之由，对曰："欲到封十八姨。数日云欲来相看不得，今夕众往看之。"

坐未定，门外报封家姨来也，坐皆惊喜出迎。杨氏云："主人甚贤，只此从容不恶，诸处亦未胜于此也。"玄微又出见封氏，言词泠泠②，有林下风气③。遂揖入座，色皆殊绝，满座芬芳，馥馥袭人。命酒，各歌以送之，玄微志其一二焉。有红裳人与白衣送酒，歌曰："皎洁玉颜胜白雪，况乃青年对芳月。沉吟不敢怨春风，自叹容华暗消歇。"又白衣人送酒，歌曰："绛衣披拂露盈盈，淡染胭脂一朵轻。自恨红颜留不住，莫怨春风道薄情。"至十八姨持盏，情颇轻佻，翻酒污阿措衣，阿措作色曰："诸人即奉求，余不奉畏也。"拂衣而起。十八姨曰："小女弄酒④。"皆起至门外别，十八姨南去，诸人西入苑中而别。玄微亦不至异。明夜又来，欲往十八姨处。阿措怒曰："何用更去封妪舍，有事只求处士，不知可乎？"诸女皆曰："可。"阿措来言曰："诸女伴皆住苑中，每岁多被恶风所挠，居止不安，常求十八姨相庇。昨阿措不能依回，应难取力。处士倘不阻见庇，亦有微报耳。"玄微曰："某有何力得及诸女？"阿措曰："但求处士每岁岁日⑤，与作一朱幡，上图日月五星之文，于苑东立之，则免难矣。今岁已过，但请至此月二十一日平旦，微有东风，即立之，庶可免也。"玄微许之，乃齐声谢曰："不敢忘德。"各拜而去。

玄微于月中随而送之，逾苑墙乃入苑中，各失所在。乃依其言，至此日立幡。是日东风振地，自洛南折树飞沙，而苑中繁花不动。玄微乃悟诸女曰姓杨、姓李及颜色衣服之异，皆众花之精也。绯衣名阿措，即安石榴也。封十八姨，乃风神也。后数夜，杨氏辈复至愧谢，各裹桃李花数斗，劝崔生："服之，可延年却老。愿长如此住护卫，某等亦可至长生。"

至元和初，玄微犹在，可称年三十许人。

【注释】

①耽道：沉迷于修道。

②泠泠：声音清越。

③林下风气：风雅飘逸。

④弄酒：醉酒耍性子。

⑤岁日：每年的新年第一天。

咸通中①，有中牟尉李浔寓居圃田别墅②，禀性刚戾，不以鬼神为意。每见人衔杯醑酒③，无不怒而止之。一旦暴得风眩④，方卧檐庑之下⑤，忽有田父立于榻前⑥，云："邻伍间欲来省疾。"

见数人形貌尫劣⑦，服饰或青或紫，后有矮仆提酒两壶，相与历阶而上，左右妻孥悉无所觐⑧。谓浔曰："尔常日负气，忽于我曹，至于醲醴之间⑨，必为他人爱惜。今有醇酎数斗，众欲遗君一醉！"

俄以巨盆满酌逼饮，两壶俱尽，床笫衾褥皆是余沥。将出，谓浔曰："何似当时惜酒！"

自兹百骸昏悴，如病宿醒^⑩，寝瘵惙然^⑪，数月方愈。冯给事为郑州刺史，亲召李生而说之。（《剧谈录》）

【注释】

①咸通：唐懿宗年号（860—873）。

②中牟尉：中牟县尉。

③酹酒：以酒浇地，表示祭奠。

④风眩：因风邪、风痰导致的眩晕症。

⑤庑：堂下周屋。

⑥田父：种田的老者。

⑦尪劣：孱弱。

⑧觌：同"睹"。

⑨醪醴：本义是甘浊的酒，这里泛指酒类。

⑩醒：醉。

⑪瘵：病。惙然：形容困顿虚弱的样子。

酒与食品的制作技巧

以下的部分均出自《酉阳杂俎》，内容是关于各类酒和食品的烹饪技巧与制作方法，是研究唐朝饮食文化的重要文献。其中不乏当时上流社会的各种名吃与极为讲究的烹饪方法。

　　五味^①　三材^②　九沸　九变^③　三臡^④　七菹^⑤　具酸^⑥　楚
酪　芍药之酱　秋黄之苏　楚苗　山肤　大苦^⑦　挫糟^⑧

【注释】

　　①五味：酸、甜、苦、辛、咸。

　　②三材：烹饪需要的三种东西——水、木、火。

　　③九沸、九变：概括烹饪的过程与食材状态的变化。

　　④臡：带骨的肉酱。

　　⑤菹：腌菜。

　　⑥具酸：应为"吴酸"之误，吴地人调制的酸咸滋味。

　　⑦大苦：豆豉。

　　⑧挫糟：去除酒糟后的清酒，冰镇后饮用。

　　甘而不嗺^①，酸而不嚛^②，咸而不减^③，辛而不㸗^④，淡而不
薄，肥而不䐃^⑤。

【注释】

　　①嗺：过甜。

　　②嚛：酸味太重。

　　③减：太咸发苦。

　　④㸗：太辣有烧灼感。

　　⑤䐃：过于油腻。

折粟米法^①：取简胜粟一石^②，加粟奴五斗舂之^③。粟奴能令馨香。乳煮羊胯利法^④：槟榔詹阔一寸，长一寸半，胡饭皮^⑤。鲤鲋鲊法：次第以竹枝赍头^⑥，置日中，书复为记^⑦。

【注释】

①折粟米法：淘米的方法。

②简胜粟：已经脱壳的粟米。

③粟奴：抽穗时有黑霉的粟。

④羊胯利：羊肉干。

⑤槟榔詹阔一寸，长一寸半，胡饭皮：含义不明，前后不成句，可能是在流传过程中缺漏了若干句。

⑥竹枝赍头：用竹条穿过鱼头将其串联起来。

⑦复：通"腹"。

赍字五色饼法^①：刻木莲花，藉禽兽形，按成之，合中累积五色，竖作道，名为斗钉^②。色作一合者，皆糖蜜副，起叛法、汤脏法、沙棋法、甘口法。

【注释】

①赍字：带着字。

②斗钉：饾钉，在盘子当中堆垒起来的食物。

蔓菁藕菹法^①：饱霜柄者，合眼掘取，作苇蒲形^②。

【注释】

①蔓菁：一种菜。籁（lài）：艾草。菹（zū）：腌制的菜。

蒸饼法：用大例面一升，炼猪膏三合①。梨溇法②、腶肉法、腪肉法③、瀹鮨法④。治犊头，去月骨，舌本近喉，有骨如月。木耳鲙。汉瓜菹，切用骨刀，豆牙菹。肺饼法。覆肝法，起起肝如起鱼菹。菹族并乙去汁⑤。

【注释】

①合：古代容积单位，一合约等于二十毫升。

②溇（lǎn）：用盐腌。

③腪：腌肉。

④瀹：煮。鮨：鮨鱼。

⑤乙去：挤压榨取出来。

又鮨法：鲤一尺，鲫八寸，去排泥之羽①。鲫员天肉，腮后鬐前②，用腹腴拭刀，亦用鱼脑，皆能令鲙缕不着刀。

【注释】

①羽：鱼鳞。

②鬐：鱼脊背上的鳍。

鱼肉冻胜法①：渌肉酸胜②，用鲫鱼、白鲤、鲂、鲩、鳜、鲦，煮驴马肉，用助底。郁驴肉，驴作鲈贮反③。炙肉，鳊鱼第一，白其次，已前日味。

【注释】

①胵：用煎煮的方法烹饪的鱼。

②渌肉酸胵：古代将猪、鸡、鸭肉切成肉丁，与酱汁一起煮熟，并加入葱、姜、蒜等调料的碎末。

③反：反切，古代常见的注音方法，用两个汉字拼接成另一个汉字的读音，第一个字取其声母，第二个字取其韵母与音调。

今衣冠家名食，有萧家馄饨漉去汤肥，可以瀹茗；庚家粽子，白莹如玉；韩约能作樱桃饆饠①，其色不变；有能造冷胡突②、鲙鳢鱼臆、连蒸獐皮、索饼③；将军曲良翰，能为驴鬐、驼峰炙。

【注释】

①饆饠：手抓饭，是自西域传入中原的美食。

②冷胡突：凉粉。

③索饼：切面。

道流陈景思说，敕使齐昇养樱桃，至五月中，皮皱如鸿柿不落①，其味数倍。人不测其法。

【注释】

①如鸿柿：大小如大柿子一般。

美食里的传奇与道理

传奇故事里的大唐美食

仙佛故事里的美食

唐朝开国伊始就尊奉老子，而后世帝王又笃信佛教，因此唐朝关于佛道内容的故事分外多，加上唐朝贵族多半笃信炼丹长生之术，因此对于神仙传说也笃信不疑，所以唐代的笔记小说当中不乏关于食物的佛道、神怪故事。

唐文宗皇帝好食蛤蜊。一日，左右方盈盘而进，中有劈之不裂者。文宗疑其异，即焚香祝之①。俄顷之间，其蛤自开，中有二人，形貌端秀，体质悉备，螺髻璎珞②，足履菡萏③，谓之菩萨。文宗遂置金粟檀香合，以玉屑覆之，赐兴善寺，令致敬礼。至会昌中④，毁佛像，遂不知所在。(《杜阳杂编》)

【注释】

①祝：祝愿祷告。

②螺髻：螺壳状的发髻。璎珞：古代印度佛像颈间的一种

装饰，由世间众宝组成，寓意为"无量光明"。

③菡萏：未开的荷花。

④会昌：唐武宗李炎年号（840—846），其间唐武宗推行一系列"灭佛"政策，很多寺庙被毁。

唐右金吾卫曹、京兆韦知十于永徽中煮一羊脚[1]，半日犹生。知十怒。家人曰："用柴十倍于常，不知何意如此？"知十更命重煮，还复如故。乃命割之，其中遂得一铜像，长径寸焉，光明照灼，相好成就。其家自此放生，不敢食酒肉。（《冥报记》）

【注释】

①右金吾卫：唐朝设置左右金吾卫，其职责是在皇帝出行时，先驱后殿，日夜巡查，止宿时负责警戒。曹：金吾卫诸曹参军。永徽：唐高宗李治的年号永徽（650—655）。

开元中[1]，房琯之宰卢氏也[2]。邢真人和璞自太山来。房琯虚心礼敬，因与携手闲步，不觉行数十里。至夏谷村，遇一废佛堂，松竹森映。和璞坐松下，以杖叩地，令侍者掘深数尺。得一瓶，瓶中皆是娄师德与永公书[3]。和璞笑谓曰："省此乎？"房遂洒然[4]，方记其为僧时，永公即房之前身也[5]。和璞谓房曰："君殁之时，必因食鱼鲙。既殁之后，当以梓木为棺。然不得殁于君之私第，不处公馆，不处玄坛佛寺，不处亲友之家。"其后遣于阆州[6]，寄居州之紫极宫。卧疾数日，使君忽具鲙，邀房

于郡斋。房亦欣然命驾。食竟而归，暴卒。州主命攒榇于宫中，棺得梓木为之。(《明皇杂录》)

【注释】

①开元：唐玄宗李隆基的年号（713—741）。

②房琯：唐朝宰相，正谏大夫房融之子。宰卢氏：担任卢氏县令。

③娄师德（630—699），字宗仁，唐朝宰相、名将。

④洒然：醒悟。

⑤前身：前世。

⑥谴：贬谪。

相传天宝中，中岳道士顾玄绩，尝怀金游市中。历数年，忽遇一人，强登旗亭，扛壶尽醉①。日与之熟，一年中输数百金。其人疑有为，拜请所欲。玄绩笑曰："予烧金丹八转矣②，要一人相守，忍一夕不言，则济吾事。予察君神静有胆气，将烦君一夕之劳。或药成，相与期于太清也。"其人曰："死不足酬德，何至是也。"遂随入中岳。上峰险绝，岩中有丹灶盆，乳泉滴沥，乱松闭景。玄绩取干饭食之，即日上章封剐③。

及暮，授其一板云："可击此知更，五更当有人来此，慎勿与言也。"其人曰："如约。"至五更，忽有数铁骑呵之曰避，其人不动。有顷，若王者，仪卫甚盛，问："汝何不避?"令左右斩之。其人如梦，遂生于大贾家。及长成，思玄绩不言之戒。父母为娶，有三子。忽一日，妻泣："君竟不言，我何用男女为！"遂次第杀其子。其人失声，豁然梦觉，鼎破如震，丹已飞矣。

释玄奘《西域记》云："中天婆罗疯斯国鹿野东有一涸池④，名救命，亦曰烈士。昔有隐者于池侧结庵，能令人畜代形，瓦砾为金银，未能飞腾诸天⑤，遂筑坛作法，求一烈士⑥。旷岁不获。后遇一人于城中，乃与同游。至池侧，赠以金银五百，谓曰：'尽当来取。'如此数返，烈士屡求效命，隐者曰：'祈君终夕不言。'烈士曰：'死尽不惮，岂徒一夕屏息乎！'于是令烈士执刀立于坛侧，隐者按剑念咒。将晓，烈士忽大呼空中火下，隐者疾引此人入池。良久出，语其违约，烈士云：'夜分后恍然若梦，见昔事主躬来慰谕，忍不交言，怒而见害，托生南天婆罗门家住胎，备尝艰苦，每思恩德，未尝出声。及娶生子，丧父母，亦不语。年六十五，妻忽怒，手剑提其子："若不言，杀尔子。"我自念已隔一生，年及衰朽，唯止此子，应遽止妻，不觉发此声耳。'隐者曰：'此魔所为，吾过矣。'烈士惭忿而死。"盖传此之误，遂为中岳道士。(《酉阳杂俎》)

【注释】

①扛：两人面对面抬起重物。

②金丹八转：道教传说金丹八转服后，十日成仙。

③上章封刲：上表章祭祀太清。刲，太清，道教三清圣境之一。

④中天婆罗疯斯国：中天竺的婆罗疯斯国，是古印度十六

大国之一。鹿野：天竺地名。

⑤诸天：佛教认为有三界二十八天。

⑥烈士：刚烈之人。

开元二十二年，京城东长乐村有人家，素敬佛教，常给僧食。忽于途中得一僧座具①，既无所归，至家则宝之。后因设斋以为圣僧座。斋毕众散，忽有一僧叩门请餐。主人曰："师何由知弟子造斋而来此也②？"僧曰："适到浐水③，见一老师坐水滨，洗一座具，口仍怒曰：'请我过斋，施钱半于众僧，污我座具，苦老身自浣之。'吾前礼谒，老僧不止。因问之曰：'老阇梨何处斋来？何为自浣？'僧具言其由，兼示其家所在，故吾此来。"主人大惊，延僧进户。先是圣僧座，座上有羹汁翻污处。主人乃告僧曰："吾家贫，卒办此斋④，施钱少，故众僧皆三十，佛与圣僧各半之。不意圣僧亲临，而又污其座具。愚戆盲冥⑤，心既差别，又不谨慎于进退，皆是吾之过也。"（《纪闻》⑥）

【注释】

①座具：这里指蒲团，以蒲草编织而成的圆形、扁平的坐垫，又称圆座。乃修行人坐禅及跪拜时所用之物。

②造斋：向僧人赠送斋饭。

③浐水：源出秦岭，在长安附近东入灞水的一条河流。

④卒：通"促"，仓促。

⑤愚戆：愚昧而刚愎自用。盲冥：眼睛失明，这里指自己

没有辨别能力。

⑥《纪闻》：唐代传奇小说集，共十卷，唐人牛肃撰写。

　　长安有讲《涅槃经》僧曰法将[1]，聪明多识，声名籍甚。所在日讲，僧徒归之如市。法将僧到襄阳。襄阳有客僧，不持僧法[2]，饮酒食肉，体貌至肥，所与交，不择人。僧徒鄙之。见法将至，众僧迎而重之，居处精华，尽心接待。客僧忽持斗酒及一蒸狱来造法将[3]。法将方与道俗正开义理，共志心听之。客僧迳持酒肴，谓法将曰："讲说劳苦，且止说经，与我共此酒肉。"法将惊惧，但为推让。客僧因坐门下，以手擘狱襄而餐之[4]，举酒满引而饮之。斯须，酒肉皆尽，因登其床且寝。既夕，讲经僧方诵涅经，醉僧起曰："善哉妙诵，然我亦尝诵之。"因取少草，布西墙下，露坐草中，因讲涅槃经，言词明白，落落可听。讲僧因辍诵听之，每至义理深微，常不能解处，闻醉僧诵过经，心自开解。比天方曙，遂终涅盘经四十。法将生平所疑，一朝散释都尽。法将方庆希有[5]，布座礼之，比及举头，醉僧已灭。诸处寻访，不知所之。（《纪闻》）

【注释】

　　①《涅槃经》：是佛教经典的重要部类之一，有大乘与小乘之分。

　　②不持僧法：不遵守佛门戒律。

　　③狱：一种野兽，具体不详。

④擘：撕开，掰开。

⑤希有：这里有以佛法普利众生，为稀有殊胜之事的含义。

青龙寺西廊近北，有绘释氏部族曰毗沙门天王者①，精新如动，祈请辐辏②。有居新昌里者，因时疫③，百骸绵弱，不能胜衣，医巫莫能疗。

一日，自言欲从释氏，因肩置绘壁之下。厚施主僧④，服食于寺庑⑤。逾旬，梦有人如天王之状，持筋类绠⑥，以食病者。复促迫之，咀嚼坚韧，力食衰丈，遂觉绵骨木强。又明日能步，又明日能驰，逾月以力闻。先是禁军悬六钧弓于门⑦，曰："能引起半者⑧，倍粮以赐，至满者又倍之。"民应募，随引而满，于是服厚禄以终身。(《唐阙史》⑨)

【注释】

①毗沙门天王：也称多闻天王，是佛教四大天王之一。

②辐辏：形容人群聚集像车辐集中于车毂一样。

③时疫：一时流行的传染病。

④厚施：给予丰厚的布施。

⑤寺庑：寺庙的长廊。

⑥绠：井绳。

⑦六钧弓：指弓弦下悬挂六钧重的物体才能将弓拉满，能拉开六钧弓的人是非常罕见的。六钧，三十斤为一钧，六钧共一百八十斤。

⑧引起半：将弓拉开一半。

⑨《唐阙史》：唐代笔记小说集，撰者为唐代高彦休。该书主要记载晚唐时期的历史故事，一部分带有神怪色彩。

陆宾虞举进士^①，在京师。常有一僧曰惟瑛者，善声色，兼知术数。宾虞与之往来。每言小事，无不必验。至宝历二年春，宾虞欲罢举归吴，告惟瑛以行计。瑛留止一宿。明旦，谓宾虞曰："若来岁成名，不必归矣。但取京兆荐送，必在高等。"宾虞曰："某曾三就京兆，未始得事。今岁之事，尤觉甚难。"瑛曰："不然，君之成名，不以京兆荐送，他处不可也。至七月六日，若食水族，则殊等与及第必矣。"宾虞乃书于晋昌里之牖，日省之。

数月后，因于靖恭北门，候一郎官。适遇朝客，遂回憩于从孙闻礼之舍。既入，闻礼喜迎曰："向有人惠双鲤鱼，方欲候翁而烹之。"宾虞素嗜鱼，便令做羹，至者辄尽。后日因视牖间所书字，则七月六日也。遽命驾诣惟瑛，且绐之曰："将游蒲关^②，故以访别。"瑛笑曰："水族已食矣，游蒲关何为？"宾虞深信之，因取荐京兆府，果得殊等。

明年入省试毕，又访惟瑛。瑛曰："君已登第，名籍不甚高，当在十五人之外。状元姓李，名合曳脚。"时有广文生朱俅者，时议当及第。监司所送之名未登料。宾虞因问其非姓朱乎？瑛曰："三十三人无姓朱者。"时正月二十四日，宾虞言于从弟符，符与石贺书壁。后月余放榜，状头李懿^③，宾虞名在十六，即三十人

也。惟瑛又谓宾虞曰："君成名后，当食禄于吴越之分，有一事甚速疾。"宾虞后从事于越，半年而暴终。(《前定录》)

【注释】

①陆宾虞：唐朝著名文学家陆龟蒙的父亲。

②蒲关：即蒲津关，古代关名，又称临晋关。在今陕西省大荔县东，是黄河重要的古渡口和秦晋间的重险之地。

③李憕：唐朝大臣，官至礼部尚书，安史之乱中被叛军所杀。

代宗大历中，日林国献灵光豆龙角钗①。因其国有海，东北四方里。国西怪石方数百里，光明澄澈，可鉴人五脏六腑。亦谓之仙人镜。国人有疾，辄照之，使知起于某脏某腑。即自采神草饵之，无不愈焉。灵光豆，大小类中华之菉豆，其色殷红，而光芒可长数尺。本国亦谓之诘多珠。和石上菖蒲叶煮之，即大如鹅卵。其中纯紫。称之可重一斤。帝啖一丸，叹其香美无比，而数日不复言饥渴。龙角钗类玉，绀色，上刻蛟龙之形。精巧奇丽，非人所制。帝赐独孤妃子。与帝同泛舟于龙池，有紫云自二上而生，俄顷满于舟中。帝由是命置之于堂内，以水喷之，化为二龙，腾空东去矣。(《杜阳杂编》)

【注释】

①日林国：传说中的国名。

秀才权同休友人，元和中落第①，旅游苏湖间。遇疾贫窘，走使者本村野人，雇已一年矣。疾中思甘豆汤，令其取甘草，雇者久而不去，但具火汤水，秀才且意其怠于祗承②。复见折树枝盈握，仍再三搓之，微近火上，忽成甘草。秀才心大异之，且意必有道者。良久，取粗沙数掊③，挼拨④，已成豆矣。及汤成，与甘豆无异，疾亦渐差。秀才谓曰："余贫迫若此，无以寸步。"因褫垢衣授之："可以此办少酒肉，予将会村老，丐少道路资也。"雇者微笑："此固不足办，某当营之。"乃斫一枯桑树，成数筐札，聚于盘上噀之⑤，悉成牛肉。复汲数瓶水，顷之乃旨酒也。村老皆醉饱，获束缣三千。秀才方渐，谢雇者曰："某本骄雅，不识道者，今返请为仆。"雇者曰："予固异人，有少失，谪于下贱，合役于秀才。若限未足，复须力于它人。请秀才勿变常，庶卒某事也。"秀才虽诺之，每呼指，色上面，蹙蹙不安。雇者乃辞曰："秀才若此，果妨某事也。"因说秀才修短穷达之数⑥，且言万物无不可化者，唯淤泥中朱漆筋及发，药力不能化。因去，不知所之也。(《酉阳杂俎》)

【注释】

①元和：唐宪宗李纯年号（806—820）。落第：科举考试没能考中。

②祗承：恭谨奉行。

③掊：捧。

④挼拨（ruò zùn）：搓揉。

⑤噀（xùn）：喷。

⑥修短穷达：寿命长短，仕途是否顺利。

房玄龄、杜如晦微时①，尝自周偕之秦，宿敷水店。适有酒肉，夜深对食。忽见两黑毛手出于灯下，若有所请，乃各以一炙置手中。有顷复出，若掬②，又各斟酒与之，遂不复见。食讫，背灯就寝，至二更，闻街中有连呼王文昂者，忽闻一人应于灯下。呼者乃曰："正东二十里，村人有筵神者，酒食甚丰，汝能去否？"对曰："吾已醉饱于酒肉，有公事，去不得。劳君相召。"呼者曰："汝终日饥困，何有酒肉。本非吏人，安得公事。何妄语也？"对曰："吾被累吏差直二相，蒙赐酒肉，故不得去。若常时闻命，即子行吾走矣。"呼者谢而去。（《续玄怪录》③）

【注释】

①房玄龄、杜如晦：均为唐朝开国功臣，唐太宗时任宰相。

②掬：用两手捧水。

③《续玄怪录》：古代传奇小说集，因续写牛僧孺《玄怪录》而得名，宋代因避赵匡胤始祖赵玄朗之讳，改名《续幽怪录》。共四卷。

开元二十八年，春二月，怀州武德、武陟、修武三县人①，无故食土，云，味美异于他土。先是武德期城村妇人，相与采拾，聚而言曰："今米贵人饥，若为生活！"有老父，紫衣白马，从十人来过之，谓妇人曰："何忧无食？此渠水傍土甚佳，可食，汝试尝之。"妇人取食，味颇异，遂失老父。乃取其土至家，拌其面为饼，饼甚香。由是远近竟取之，渠东西五里，南北十余步，土并尽。牛肃时在怀，亲遇之。（《纪闻》）

【注释】

①怀州：治所在今河南省沁阳市，范围为今河南省焦作市、济源市所辖地域。

凝观寺有僧法庆①。造丈六挟纻像未成暴死②。时宝昌寺僧大智，同日亦卒。三日并苏。云，见官曹，殿上有人似王者，仪仗甚众。见法庆在前，有一像忽来，谓殿上人曰："庆造我未成，何乃令死？"便检文簿，云："庆食尽，命未尽。"上人曰："可给荷叶以终寿。"言讫，忽然皆失所在，大智便苏。众异之，乃往凝观寺问庆，说皆符验。庆不复能食，每日朝进荷叶六枝，斋时八枝。如此终身。同流请乞，以成其像。（《太平广记》）

【注释】

①凝观寺：长安西北的一座寺庙。

②挟纻：又称夹纻。是一种古老的中国传统手工技艺，是制作漆塑像的方法，先用泥塑成胎，后用漆把麻布贴在泥胎外面；待漆干后，反复再涂多次；最后把泥胎取空，因此又有"脱空像"之称。用这种方法塑像不但柔和逼真，而且质地很轻，因此又称"行像"。

天宝中，相州王叟者，家邺城。富有财，唯夫与妻，更无儿女。积粟近至万斛①，而夫妻俭啬颇甚耳，常食陈物，才以充肠，不求丰厚。庄宅尤广，客二百余户。

叟尝巡行客坊，忽见一客方食，盘餐丰盛，叟问其业。客云："唯卖杂粉、香药而已②。"叟疑其做贼，问汝有几财而衣食过丰也？此人云："唯有五千之本，逐日食利，但存其本，不望其余。故衣食常得足耳。"叟遂大悟，归谓妻曰："彼人小得其利，便以充身，可谓达理。吾今积财巨万，而衣食陈败，又无子息，将以遗谁？"遂发仓库，广市珍好，恣其食味。不数日，夫妻俱梦为人所录，枷镰禁系③，鞭挞俱至，云："此人妄破军粮。"

觉后数年，夫妻并卒。官军围安庆绪于相州，尽发其廪④，以供军焉。（《原化记》）

【注释】

①斛：古代重量单位，一斛等于一石。

②杂粉、香药：中国古代通过熏燃香料来祛除异味。

③枷镰禁系：戴上枷锁监禁起来。

④尽发其廪：征用了某库中的所有粮食。

妖怪贪吃煎饼吃大亏

煎饼是我们今天常见的食物，起源于何时已不可考，但从文献记载来看，最迟在东晋时期就已经有"煎

"饼"的叫法了。东晋王嘉《拾遗记》："江东俗称，正月二十日为天穿日，以红丝缕系煎饼置屋顶，谓之补天漏。相传女娲以是日补天地也。"好的煎饼口感香滑酥脆，好吃又管饱，是日常的美味，所以在一些民间传说中，连妖怪都禁受不住煎饼的诱惑前来讨要，结果就吃了大亏。

陵州龙兴寺僧惠恪[1]，不拘戒律，力举石臼。好客，往来多依之。常夜会寺僧十余，设煎饼。二更，有巨手被毛如胡鹿[2]，大言曰："乞一煎饼。"众僧惊散，惟惠恪掇煎饼数枚，置其掌中。魅因合拳，僧遂极力急握之。魅哀祈，声甚切，惠恪呼家人斫之。及断，乃鸟一羽也。明日，随其血踪出寺，西南入溪，至一岩罅而灭[3]。惠恪率人发掘，乃一坑瑿石[4]。(《酉阳杂俎》)

【注释】

①陵州：今四川仁寿。

②胡鹿：箭袋。

③罅：缝隙。

④瑿石：黑色的美石。

山阴县尉李佐时者，以大历二年遇劳[1]，病数十日中愈，自会稽至龙丘。会宗人述为令[2]，佐时止令厅数日。夕复与客李举，明灯而坐。忽见衣绯紫等二十人，悉秉戎器[3]，趋谒庭下。佐时问何人,答曰:"鬼兵也。大王用君为判官,特奉命迎候,以充驱使。"佐时曰:"己在哀制,为是非礼。且王何以得知有我?"答云:"是武义县令窦堪举君。"佐时云:"堪不相知,何故见举?"答云:"恩命已行,难以辞绝。"须臾堪至,礼谒,蕴藉如平人④,坐谓佐时曰:"王求一子婿,兼令取甲族,所以奉举,亦由缘业使然。"佐时固辞不果。须臾王女亦至,芬香芳馥,车骑云合。佐时下阶迎拜,见女容姿服御,心颇悦之。堪谓佐时曰:"人谁不死,如君盖稀。无宜数辞,以致王怒。"佐时知终不免。久之,王女与堪去,留将从二百余人,祗承判官。

翌日,述并弟造,同诣佐时。佐时且说始末,云:"既以不活,为求一顿食。"述为致盛馔。佐时食雉臛⑤,忽云:"不见碗。"呵左右:"何以收羹?"仆于食案,便卒。其妻郑氏在会稽,丧船至之夕,婢忽作佐时灵语云:"王女已别嫁,但遣我送妻还。"言甚凄怆也⑥。(《广异记》)

【注释】

①大历二年:公元767年。遇劳:受劳累。

②宗人:同一家族之人。

③戎器:兵器。

④蕴藉:气质隐藏而不外露。

⑤雉臛:野鸡肉羹。

⑥凄怆:悲伤,悲凉。

鬼也会贪吃与贪赃

在人们的想象当中，鬼神世界和现实世界有着同样的法则，鬼神也是会收受贿赂的，就像下面的故事，李和子原本以为贿赂了鬼就可以多活几年，结果却是只有三天。

元和初，上都东市恶少李和子①，父名努眼。和子性忍，常攘狗及猫食之，为坊市之患。常臂鹞立于衢，见二人紫衣，呼曰："公非李努眼子名和子乎？"和子即遽只揖。又曰："有故，可隙处言也。"因行数步，止于人外，言："冥司追公，可即去。"和子初不受，曰："人也，何给言②。"又曰："我即鬼。"因探怀中，出一牒，印窠犹湿。见其姓名，分明为猫犬四百六十头论诉事。和子惊惧，乃弃鹞子拜祈之，且曰："我分死，尔必为我暂留，具少酒。"鬼固辞，不获已。初，将入毕罗肆③，鬼掩鼻不肯前，乃延于旗亭杜家④。揖让独言，人以为狂也。遂索酒九碗，自饮三碗，六碗虚设于西座，且求其为方便以免。二鬼相顾："我等既受一醉之恩，须为作计。"因起曰："姑迟我数刻，当返。"未移时至，曰："君办钱四十万，为君假三年命也。"和子诺许，以翌日及午为期。因酬酒直，且返其酒，尝之味如水矣，冷复冰齿。和子遽归，货衣具凿楮⑤，如期备酹焚之，自见二鬼挈其钱而去。

及三日，和子卒。鬼言三年，盖人间三日也。(《酉阳杂俎》)

【注释】

①上都：唐代指长安。

②绐：通"诒"，欺骗。

③毕罗：抓饭。

④旗亭：酒楼。

⑤凿楮：纸钱。

岳州刺史李俊举进士，连不中第。贞元二年，有故人国子祭酒包佶者，通于主司，援成之。榜前一日，当以名闻执政。初五更，俊将候佶，里门未开，立马门侧。旁有卖糕者，其气烛烛。有一吏若外郡之邮檄者，小囊毡帽，坐于其侧，颇有欲糕之色。俊为买而食之，客甚喜，啗数片。

俄而里门开，众竞出，客独附俊马曰："愿请间。"俊下听之。"某乃冥之吏送进士名者。君非其徒耶？"俊曰："然。"曰："送堂之榜在此，可自寻之。"因出视。俊无名，垂泣曰："苦心笔砚，二十余年，偕计者亦十年。今复无名，岂终无成乎？"曰："君之成名，在十年之外，禄位甚盛。今欲求之，亦非难。但于本录耗半，且多屯剥①，才获一郡②，如何？"俊曰："所求者名，名得足矣。"客曰："能行少赂于冥吏，即于此，取其同姓者易其名，可乎？"俊问："几何可？"曰："阴钱三万贯。某感恩而以诚告，其钱非某敢取，将遗牍吏。来日午时送可也。"复授笔，使俊自注。从上有故太子少师李夷简名，俊欲揩之，客遽曰："不可，此人禄重，未易动也。"又其下有李温名，客曰："可矣。"乃揩去"温"字，注"俊"字。客遽卷而行曰："无违约。"既而俊诣佶，佶未冠，闻俊来怒，出曰："吾与主司分深，一言状头可致。公何躁甚？"频见问："吾其轻言者耶？"俊再拜对曰："俊悫于名者，若恩决此一朝。今当呈榜之晨，冒责奉谒。"佶唯唯，色犹不平。俊愈忧之。乃变服伺佶出随之，经皇城东此隅，逢春官怀其榜，将赴中书。佶揖问曰："前言遂否？"春官曰："诚知获罪，负荆不足以谢。然迫于大权，难副高命。"佶自以交分之深，意谓无阻，闻之怒曰："季布所以名重天下者[3]，能立然诺。今君移妄于某，盖以某官闲也。平生交契，今日绝矣！"不揖而行，春官遂追之曰："迫于豪权，留之不得。窃恃深顾，处于形骸，见责如此。宁得罪于权右耳。"请同寻榜，揩名填之。

祭酒开榜，见李公夷简，欲揩，春官急曰："此人宰相处分，不可去。"指其下李温曰："可矣。"遂揩去"温"字，注"俊"字。及榜出，俊名果在已前所指处。其日午时，随众参谢，不及赴糕客之约。追暮将归，道逢糕客，泣示之背曰："为君所误，得杖矣。胥吏将举勘，某更他祈。"其止之，某背实有重杖者。俊惊谢之，且曰："当如何？"客曰："来日午时，送五万缗，亦可无追勘之厄。"俊曰："诺。"及到时焚之，遂不复见。然后筮仕之后[4]，追勘贬降，不绝于道。才得岳州刺史，未几而终。（《续玄怪录》）

【注释】

①屯剥：《易经》中屯卦和剥卦的并称，指代困厄衰败。

②才获一郡：作为一郡的长官。

③季布所以名重天下者：秦汉交替时的季布以然诺重信著称，人称一诺千金。

④筮仕：古人将做官时，会卜问吉凶，亦指第一次做官。

鬼之肉馨香极甚

民间传说光怪陆离，原本应该没有形体的鬼都有肉，而且吃起来馨香极甚，真是让人叹为观止。

唐大历中，士人韦滂，膂力过人，夜行一无所惧。善骑射，每以弓矢随行。非止取鸟兽烹炙，至于蛇蝎、蚯蚓、蜣螂、蝼蛄之类，见之则食。尝于京师暮行，鼓声向绝，主人尚远，将求宿，不知何诣。忽见市中一衣冠家，移家出宅。子弟欲锁门。滂求寄宿，主人曰："此宅邻家有丧，俗云，妨杀入宅，当损人物。今将家口于侧近亲故家避之，明日即归。不可不以奉白也。"韦曰："但许寄宿，复何害也。杀鬼吾自当之。"主人遂引韦入宅，开堂厨，示以床榻，饮食皆备。滂令仆使歇马槽上，置烛灯于堂中，又使入厨具食。食讫，令仆夫宿于别屋，滂列床于堂，开其双扉，息烛张弓，坐以伺之。至三更欲尽，忽见一光，如大盘，自空飞下厅北门扉下，照耀如火。滂见尤喜，于暗中，引满射之，一箭正中，爆然有声。火乃掣掣如动，连射三箭，光色渐微，已不能动。携弓直往拔箭，光物堕地。滂呼奴，取火照之，乃一团肉，四向有眼，眼数开动，即光。滂笑曰："杀鬼之言，果不虚也。"乃令奴烹之，而肉味馨香极甚。煮令过熟，乃切割，为挚挚之，尤觉芳美。乃沾奴仆，留半呈主人。至明，主人归，见韦生，喜其无恙。韦乃说得杀鬼，献所留之肉，主人惊叹而已。(《原化记》)

神奇的人间食料簿

古人迷信，认为人吃什么在幽冥当中是有定数的，所以在一些传奇故事中不乏诸如此类的记载，本故事里的《人间食料簿》就是决定人们饮食的神物，就算平时再厌恶某种食物，只要食料簿里有记录，也会进食。

汴州都押衙朱仁忠家有门客许生①，暴卒，随使者入冥。经历之处，皆如郡城。忽见地堆粟千石，中植一牌曰："金吾将军朱仁忠食禄。"生极讶之。泊至公署，使者引入一曹司。主吏按其簿曰："此人乃误追之矣。"谓生曰："汝可止此，吾将白于阴君。然慎忽窥吾簿。"吏既出，生潜目架上有签牌曰："人间食料簿。"生潜忆主人朱仁忠不食酱，可知其由。遂披簿求之，多不晓其文。

逡巡②，主吏大怒。已知其不慎，裑目责之。生恐惧谢过，告吏曰：
"某乙平生受朱仁忠恩，知其人性不食酱，是敢窃食簿验之。愿
恕其罪。"吏怒稍解，自取食簿，于仁忠名下，注大豆三合。吏
遂遣前使者引出放还。其径路微细，随使者而行。忽见一妇女，
形容憔悴，衣服褴褛，抱一孩子，拜于道旁。谓生曰："妾是朱
仁忠亡妻，顷年因产而死，竟未得受生。饥寒尤甚，希君济以
准资缗数千贯。"生以无钱辞之。妇曰："所求者楮货也③。君还
魂后，可致而焚之。兼望仁忠与写金光明经一部忏之，可指生
路也。"

　　既而先行，直抵相国寺，将其阈，为使者所推，踣地而瘥。
仁忠既悲喜，问其冥间之事。生曰："君非久，必任金吾将军。"
言其牌粟之事，又话见君亡妻，言其形实无差。后与仁忠同食，
乃言自君亡后，忽觉酱香，今嗜之颇甚，乃是注大豆三合之验也。
自尔朱写经毕，许生燔纸数千。其妇于寐中辞谢而去。朱果为
金吾将军。显晦之事，不差毫厘矣。(《玉堂闲话》)

【注释】

　　①都押衙：唐朝及五代时的藩镇下属使职官之一，武官，
没有品级。安史之乱后，藩镇割据，皆擅设衙官，于是衙将、
衙官、都押衙等官名日渐繁杂。

　　②逡巡：很短的时间之后。

　　③楮货：即楮钱，烧给死人的纸钱。

兔汤饼预言福祸

在中国，最初所有面食统称为饼，其中在汤中煮熟的叫"汤饼"，即最早的面条。汉代刘熙《释名·释饮食》中有索饼；北魏贾思勰《齐民要术》中记有"水引饼"，是一种一尺一断，薄如"韭叶"的水煮食品；面条的形状最后定格为长条。

众言石旻有奇术，在扬州，成式数年不隔旬与之相见，言事十不一中。家人头痛嚏咳者^①，服其药，未尝效也。至开成初，在城亲故间，往往说石旻术不可测。盛传宝历中，石随钱徽尚书至湖州^②，常在学院^③，子弟皆"文丈"呼之。于钱氏兄弟求兔汤饼^④，时暑月，猎师数日方获。因与子弟共食，笑曰："可留兔皮，聊志一事。"遂钉皮于地，垒埿涂之，上朱书一符，独言曰："恨校迟^⑤，恨校迟。"钱氏兄弟诘之，石曰："欲共诸君共记卯年也^⑥。"至太和九年，钱可复凤翔遇害，岁在乙卯。（《酉阳杂俎》）

【注释】

①嚏咳：咳嗽。

②尚书：六部行政长官。

③学院：湖州的官学。

④钱氏兄弟：钱徽的两个儿子钱可复、钱可及。兔汤饼：

有兔肉的汤面。

⑤恨：是当时人们的口语，含义是"太，非常"。

⑥卯年：按照十二生肖与年之间的关系，卯年属兔，与兔皮对应。

吃鱼也不能随意

历朝历代都有关于人们杀死不寻常生物招来祸患的传说或故事，下面的故事也是类似的题材，反映了人们对于鬼神的敬畏之情。

中书舍人韦颜子婿崔道枢，举进士。乾符二年春^①，下第归宁汉上。所居因井渫得鲤鱼一头^②，长可五尺，鳞鬣金色^③，目光射人。所视异于常鱼，令仆投于江水。道枢与表兄韦氏，密备鼎俎，烹而食之。经信宿，韦得疾暴卒，有碧衣人引至府舍，廨宇颇甚严肃^④。

既入门^⑤，见厅事有女人，戴金翠冠，着紫绣衣，据案而坐。左右侍者皆黄衫金杶^⑥，如宫内之饰。有一人吏，从执簿领而出，及轩陛间^⑦，付双鬟青衣着于绣衣案上。更引韦生东庑曹署，理诘杀鱼之状。韦引过道枢，云："非某之罪。"

吏曰："此雨龙也，若潜伏于江海湫湄^⑧，虽人所食，既无从而辨矣。但昨者得之于井中，崔氏与君又非愚昧，杀而啖之，俱难获免。然君且却还，试与崔广为佛道功德，庶几消减其过。自兹浃旬，当复相召。"

韦忽然而寤，具以所说话于眷属。命道枢具述其事，道枢虽怀忧迫，亦未深信。才经及旬余，韦生果殁。韦乃道枢姑之子也。

数日后寄梦于母云："以杀鱼获罪，所至之地即水府，非久当受重谴，可急修黄箓道斋，尚冀得宽刑辟。表兄之过亦成矣，今夕当自知其事。"

韦母泣告道枢，及瞑昏然而寝，复见碧衣人引至公署，俱是韦之所述。俄有吏执黑纸，丹书文字，立道枢于屏侧，疾趋而入，见绣衣操笔而书讫。

吏接之而出，令道枢览之，其初云："某，官登四品，年至七十二。"其后有判词云："崔道枢所害雨龙，事关天府，原之不可。按罪急追，所有官爵并皆削除，年寿亦减一半。"

时道枢三十五矣，夜分而寤，恍惚悲涕，莫知所为。时节在冬季，其母方为修崇福力，才及春首，抱疾数日而终。时崔之妻挐咸在京师，紫微备述其事。旧传夔州及牛渚矶皆是水府，未详道枢所至何所也。（《剧谈录》）

【注释】

①乾符二年：公元 875 年。

②井渫：已疏浚的井。

③鳞鬣：鱼鳞与鱼颔旁的小鳍。

④廨宇：官舍。

⑤旡：同"既"。

⑥栉：梳子和篦子的总称。

⑦轩陛：殿堂的台阶。

⑧湫湄：水草交接之处。

　　有士人，平生好吃爊牛头①。一日，忽梦其物故，拘至地府
丰都狱。有牛首阿旁②，其人了无畏惮，仍以手抚阿旁云："只
这头子，大堪爊。"阿旁笑而放回。(《传载》)

【注释】

①爊：熬、煮。

②牛首阿旁：传说中地狱里有着牛头、人身、牛脚的鬼卒。

　　同官令虞咸颇知名。开元二十三年春往温县，道左有小草
堂，有人居其中，刺臂血和朱砂写一切经①。其人年且六十，色
黄而赢瘠②，而书经已数百卷。人有访者，必丐焉。或问其所从，
亦有助焉。

　　其人曰："吾姓屈突氏，名仲任。即仲将、季将兄弟也。父
亦典郡③，庄在温，唯有仲任一子，怜念其少，恣其所为。性不
好书，唯以樗蒲弋猎为事④。父卒时，家僮数十人，资数百万，
庄第甚众。而仲任纵赏好色，荒饮博戏⑤，卖易且尽。数年后，
唯温县庄存焉。即货易田畴⑥，拆卖屋宇，又已尽矣，唯庄内一

堂岿然。仆妾皆尽，家贫无计。乃于堂内掘地埋数瓮，贮牛马等肉。

仲任多力，有僮名莫贺咄，亦力敌十夫。每昏后。与僮行盗牛马，盗处必五十里外。遇牛即执其两角，翻负于背，遇马驴皆绳蓄其颈，亦翻负之。至家投于地，皆死。乃皮剥之，皮骨纳之堂后大坑，或焚之，肉则贮于地瓮。昼日，令僮于城市货之，易米而食。如此者又十余年。以其盗处远，故无人疑者。

仲任性好杀，所居弓箭、罗网、又弹满屋焉，杀害飞走，不可胜数，目之所见，无得全者。乃至得刺猬，赤以泥裹而烧之，且熟，除去其泥，而猬皮与刺，皆随泥而脱矣，则取肉而食之。其所残酷，皆此类也。

后莫贺咄病死，月余，仲任暴卒，而心下暖。其乳母老矣，犹在，守之未瘗⑦。而仲任复苏，言曰：初见捕去，与奴对事，至一大院，厅室十余间，有判官六人，每人据二间。仲任所对最西头，判官不在，立仲任于堂下。有顷判官至，乃其姑夫郓州司马张安也。见仲任惊，而引之登阶。谓曰："郎在世为恶无比，其所杀害千万头，今忽此来，何方相拔？"仲任大惧，叩头哀祈。判官曰："待与诸判官议之。"乃谓诸判官曰："仆之妻侄屈突仲任造罪无数，今召入对事。其人年命亦未尽，欲放之去，恐被杀者不肯。欲开一路放生，可乎？"诸官曰："召明法者问之。"则有明法者来，碧衣局蹐⑧。判官问曰："欲出一罪人，有路乎？"因以具告。明法者曰："唯有一路可出，然得杀者肯。若不肯，亦无益。"官曰："若何?"明法者曰："此诸物类,为仲任所杀,皆偿其身命,然后托生。合召出来,当诱之曰:'屈突仲任今到,汝食唁毕⑨,即托生。羊更为羊,马亦为马,汝余业未尽,还受畜生身。使仲任为人,还依旧食汝。汝之业报,无穷已也。今令仲任略还,令为汝追福,使汝各舍畜生业,俱得人身,更不为人杀害,岂不佳哉?'诸畜闻得人身必喜,如此乃可放。若不肯,更无余路。"

乃锁仲任于厅事前房中,召仲任所杀生类到。判官庭中,地可百亩。仲任所杀生命,填塞皆满。牛、马、驴、骡、猪、羊、獐、鹿、雉、兔,乃至刺猬、飞鸟,凡数万头。皆曰:"召我何为?"判官曰:"仲任已到。"物类皆咆哮大怒,腾振、蹴踏之而言曰:"巨盗盍还吾债。"方忿怒时,诸猪羊身长大,与马牛比,牛马亦大倍于常。判官乃使明法入晓谕。畜闻得人身,皆喜,形复如故。于是尽驱入诸畜,乃出仲任。有狱卒二人,手执皮袋兼秘木至,则纳仲任于袋中,以木秘之⑩,仲任身血,皆于袋诸孔中流出洒地。卒秘木以仲任血,遂遍流厅前。须臾,血深至阶,可有三尺。然后兼袋投仲任房中,又扃锁之。乃召诸畜等,皆怒曰:"逆贼杀我身,今饮汝血。"于是兼飞鸟等,尽食其血。血既尽,皆共舐之,庭中土见乃止。当饮血时,畜生盛怒,身皆长大数倍,仍骂不止。既食已,明法又告:"汝已得债,今放屈突仲任归,令为汝追福,令汝为人身也。"诸畜皆喜,各复本形而去。判官然后令袋内出仲任,身则如故。判官谓曰:"既见报应,努力修福。

若刺血写一切经，此罪当尽。不然更来，永无相出望。"仲任苏，乃坚行其志焉。(《经闻》)

【注释】

①一切经：佛教经书的总称，又叫大藏经。

②羸瘠：身体瘦弱。

③典郡：担任郡刺史。

④樗蒲：汉末盛行的一种棋类游戏。博戏中用于掷采的骰子最初是用樗木制成，故称樗蒲。又由于这种木制掷具系五枚一组，所以又叫五木之戏，或简称五木。弋猎：狩猎。

⑤荒饮：荒唐地饮酒。博戏：赌博类的游戏。

⑥货易田畴：变卖田产。

⑦瘗：埋葬。

⑧局蹐：局促谨慎的样子。

⑨啗：吃。

⑩秘：刺。

《隐诀》言太清外术①：生人发挂果树，乌鸟不敢食其实。苽两鼻两蒂②，食之杀人。檐下滴菜有毒堇，黄花及赤芥，杀人。瓠③，牛践苗则子苦。大醉不可卧黍穰上④，汗出眉发落。妇人有娠，食干姜，令胎内消。十月食霜菜，令人面无光。三月不可食陈菹⑤。莎衣结治蠷螋疮⑥。井口边草止小儿夜啼，著母卧荐下⑦，勿令知之。船底苔疗天行⑧。寡妇藨荐草节，去小儿霍乱。自缢死绳主癫狂。孝子衿灰，傅面皯⑨。东家门鸡栖木作灰，治失音。砧垢能蚀人履底。古槎板作琴底⑩，合阴阳，通神。鱼有睫及开合，腹中自连珠，二目不同，连鳞、白鬐，腹下丹字，并杀人。鳖目白，腹下五字、卜字者不可食。蟹腹下有毛，杀人。蛇以桑柴烧之，则见足出。兽歧尾，鹿斑如豹，羊心有窍，悉害人。马夜眼，五月以后食之，杀人。犬悬蹄，肉有毒。白马鞍下肉食之，伤人五脏。乌自死，目不闭。鸭目白，乌四距⑪，卵有八字，并杀人。凡飞鸟投入家井中，必有物，当拔而放之。水脉不可断，井水沸不可饮，酒浆无影者不可饮。蝮与青蝰，蛇中最毒。蛇怒时，毒在头尾。凡冢井间气，秋夏中之杀人。先以鸡毛投之，毛直下无毒，回旋而下不可犯。当以醋数斗浇之，方可入矣。颇梨⑫，千岁冰所化也。琉璃、马脑先以自然灰煮之令软⑬，可以雕刻。自然灰生南海。马脑，鬼血所化也。（《酉阳杂俎》）

【注释】

①《隐诀》：南北朝时期陶弘景所著道书《登真隐诀》。

②苽：通"瓜"。

③瓝：瓝瓜。

④穰：庄稼的茎秆。

⑤陈菹：腌菜。

⑥莎衣：蓑衣。蟭螟：长腿的蜈蚣。

⑦荐：座席。

⑧天行：传染病。

⑨面皯：通"皯黚"，皮肤较黑。

⑩古榡板：古墓里的棺材。

⑪距：鸟类脚后类似脚趾但较短的部分。

⑫颇梨：玻璃，这里的玻璃应指天然水晶当中透明度较高的类型，与现代烧制的玻璃有所不同。

⑬自然灰：古代一种能够洗衣的东西，在南海之滨有分布，具体是何物不详。

《昆仑奴》里的美食

唐代传奇里的名篇之一就是《昆仑奴》，说的是昆仑奴磨勒怀有异术，见崔生与大官家妓红绡相爱，便背负崔生，飞越高墙深院，让其与红绡会面，又不避强暴，将红绡救出牢笼，使其与崔生结为夫妻。后来又凭借高强的武艺躲过了大官的追杀，歌颂了昆仑奴果敢无畏、仗义任侠的品质。《昆仑奴》中也涉及一些美食，主要是用樱桃做的甘酪等。下面节选故事中涉及食物的一部分。

唐大历中，有崔生者，其父为显僚，与盖代之勋臣一品者熟①。生是时为千牛②，其父使往省一品疾。生少年，容貌如玉，性禀孤介，举止安详，发言清雅。一品命姬轴帘，召生入室。生拜传父命，一品欣然爱慕，命坐与语。时三姬人艳皆绝代，居前者以金瓯贮含桃而劈之③，沃以甘酪而进。一品遂命衣红绡姬者④，擎一瓯与生食。生少年赧妓辈，终不食。一品命红绡妓以匙而进之，生不得已而食。妓哂之，遂告辞而去。一品曰："郎君闲暇，必须一相访，无间老夫也⑤。"命红绡送出院。时生回顾，妓立三指，又反三掌者，然后指胸前小镜子云："记取。"余更无言。

生归，达一品意。返学院，神迷意夺，语减容沮，恍然凝思，日不暇食，但吟诗曰：

误到蓬山顶上游⑥，明珰玉女动星眸⑦。

朱扉半掩深宫月，应照璃芝雪艳愁⑧。

左右莫能究其意。

时家中有昆仑奴磨勒⑨，顾瞻郎君曰："心中有何事，如此抱恨不已？何不报老奴？"生曰："汝辈何知，而问我襟怀间事！"磨勒曰："但言，当为郎君释解，远近必能成之。"生骇其言异，遂具告之。磨勒曰："此小事耳，何不早言之，而自苦耶？"生又白其隐语。勒曰："有何难会？立三指者，一品宅中有十院歌姬，此乃第三院耳。反掌三者，数十五指，以应十五日之数。胸前小镜子，十五夜月圆如镜，令郎来耶！"生大喜不自胜，谓磨勒曰："何计而能导达我郁结⑩？"磨勒笑曰："后夜乃十五夜，请深青绢两匹，为郎君制束身之衣。一品宅有猛犬守歌妓院门，非常人不得辄入，入必噬杀之。其警如神，其猛如虎，即曹州孟海之犬也⑪。世间非老奴，不能毙此犬耳，今夕当为郎君挝杀之。"遂宴犒以酒肉。

【注释】

①一品：官员当中的最高品级。

②千牛：指千牛卫，皇帝的近身侍卫。

③含桃而劈之：樱桃从中间劈开，去掉核。

④绡：很细的纱。

⑤间：疏远。

⑥蓬山：蓬莱仙山。

⑦珰：女人的耳环。眸：眼珠。

⑧璃：赤玉。芝：芝兰，即秀草，比喻才德之美。

⑨昆仑奴：唐代时泛指今中南半岛南部及南洋诸岛的人为昆仑奴。

⑩郁结：集结的忧愁。

⑪孟海：指来自海外的。

一饮一啄自有定数

古人认为世间的一切都是冥冥之中自有定数，包括人的饮食多少、种类也都是固定的，并由此衍生出

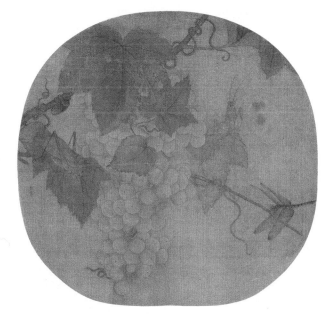

《葡萄草虫图》

　　我们今天吃的葡萄是西汉张骞通西域时从国外引进的，到了唐代已经广泛种植，唐朝初年又从西域引进了葡萄酒酿造技术，葡萄与葡萄酒由此成为中国的著名水果与美酒。

　　画中三位坐在庭园里的贵妇在两个女仆的伺候下弹琴、品茶、听乐，表现了贵族妇女闲散恬静的享乐生活。这幅画也展现了饮茶品茗已经成为唐代上流阶层的常见活动。

《调琴啜茗图》

《果熟来禽图》

　　图中的果实为林檎，该果味道甘美，能招很多飞禽来林中栖落，故名。其是唐代的主要水果之一，属于蔷薇科苹果属植物。

诸多故事。

玄宗时，有术士，云："判人食物，一一先知。"公卿竞延接。唯李大夫栖筠不信①，召至谓曰："审看某明日餐何物。"术者良久曰："食两盘糕糜②，二十碗橘皮汤。"李笑，乃遣厨司具馔，明日会诸朝客。平明，有敕召对。上谓曰："今日京兆尹进新糯米，得糕糜，卿且唯吃。"良久，以金盘盛来。李拜而餐，对御强食。上喜曰："卿吃甚美，更赐一盘。"又尽既罢归，腹疾大作，诸物绝口，唯吃橘皮汤，至夜半方愈。忽记术士之言，谓左右曰："我吃多少橘皮汤?"曰："二十碗矣。"嗟叹久之，遽邀术士，厚予钱帛。(《逸史》)

【注释】

①李大夫栖筠：李栖筠（719—776），字贞一，中唐名臣，宰相李吉甫之父、太尉李德裕祖父。

②糕糜：唐代的"糕糜"是对以面粉、米粉制成的块状或团状糕点的统称。

韩晋公滉在中书①，尝召一吏。不时而至，公怒将挞②。吏曰："某有所属，不得遽至，乞宽其罪。"晋公曰："宰相之吏，更属何人?"吏曰："某不幸兼属阴司。"晋公以为不诚，乃曰："既属阴司，有何所主?"吏曰："某主三品以上食料。"晋公曰："若然，某明日当以何食?"吏曰："此非细事，不可显之。请疏于纸，过后为验。”乃恕之而系其吏。

明旦，遽有诏命，既对，适遇太官进食，有糕糜一器，上以一半赐晋公。食之美，又赐之。既退而腹胀，归私邸，召医者视之曰：“有物所壅，宜服少橘皮汤。至夜，可啖浆水粥。明旦疾愈。”思前夕吏言，召之，视其书，则皆如其所云。因复问：“人间之食，皆有籍耶？”答曰：“三品以上日支，五品以上而有权位者旬支，凡六品至于九品者季支，其有不食禄者岁支。”（《前定录》③）

【注释】

①韩晋公滉：韩滉，字太冲，唐朝中期政治家、画家，封晋国公。

②挞：用鞭、棍等打人。

③《前定录》：作者钟辂，唐文宗时官至崇文馆校书郎。该书只有一卷，含二十三则，都是关于命中注定的故事。

李宗回者，有文辞，应进士举，曾与一客自洛至关。客云：“吾能先知人饮馔，毫厘不失。”

临正旦，一日将往华阴县。县令与李公旧知，先遣书报。李公谓客曰：“岁节人家皆有异馔，况县令与我旧知。看明日到，何物吃？”客拊掌曰：“大哥①，与公各饮一盏椒葱酒②，食五般馄饨③，不得饭吃。”李公亦未信。

及到华阴县，县令传语，遣鞍马驮乘，店中安下，请二人就县。相见喜曰："二贤冲寒，且速暖两大盏酒来，著椒葱。"良久台盘到，有一小奴与县令耳语。令曰："总煮来。"谓二客曰："某有一女子，年七八岁，常言何不令我勾当家事？某昨恼渠，遣检校作岁饭食。适来云，有五般馄饨，问煮那般？某云，总煮来。"逡巡，以大碗盛，二客食尽。忽有佐吏从外走云："敕使到。"旧例合迎。县令惊，忙揖二客，鞭马而去，客遂出。欲就店终餐，其仆者已归，结束先发，已行数里。二人大笑，相与登途，竟不得饮吃。异哉，饮啄之分也④。(《逸史》)

【注释】

①大哥：疑为"大奇"之误。

②椒葱酒：加入椒葱作为配料加热的酒，有驱寒的作用。

③般：种类。

④饮啄：吃喝，也代指生活。

刘逖之，天宝中，调授岐州陈仓尉。逖之从母弟吴郡陆康，自江南同官来。有主簿杨豫、尉张颖者，闻康至，皆来贺逖之。时冬寒，因饮酒。方酣适，有魏山人琼来。逖之命下帘帷，迎于庭，且问其所欲。琼曰："某将入关。请一食而去。"逖之顾左右，命具刍米于馆①。琼曰："馆则虑不及，请于此食而过。"逖之以方饮，有难色。琼曰："某能知人。若果从容，亦有所献。"逖之闻之而喜，遂命褰帷，而坐客亦乐闻其说，咸与揖让而做。时康以醉卧于东榻，逖之乃具馔。既食之，有所请。琼曰："自此当再名闻，官止二邑宰而不主务^②，二十五年而终。"言讫将去，豫、颖固止之，皆有所问。谓豫曰："君后八月，勿食驴肉，食之遇疾，当不可救。"次谓颖曰："君后政官，宜与同僚善。如或不叶^③，必为所害。"豫、颖不悦。琼知其意，乃曰："某先知者，非能为君祸福也。"因指康曰："如醉卧者，不知为谁，明年当成名，历官十余政，寿考禄位，诸君子不及也。"言讫遂去，亦不知所往。

明年，逆胡陷两京^④，玄宗幸蜀，陈仓当路。时豫主邮务，常念琼之言，记之于手板。及驿骑交至，或有与豫旧者，因召与食，误啖驴肠数脔^⑤。至暮，胀腹而卒。

颖后为临濮丞，时有寇至，郡守不能制，为贼所陷。临濮令薛景元率吏及武士持兵与贼战，贼退郡平。节度使以闻，既拜景为长史，领郡务。而颖果常与不叶，及此因事陷之，遂阴污而卒^⑥。

邈之后某下登科，拜汝州临汝县令，转润州上元县令。在任无政，皆假掾以终考。

明年，康明经及第，授秘书省正字，充陇右巡官。府罢，调授咸阳尉，迁监察御史周至令比部员外郎。连典大郡，历官二十二考。(《前定录》)

【注释】

①刍米：米和柴草。

②邑宰：县邑之长，即县令。

③不叶：关系不融洽。

④逆胡陷两京：指安禄山发动安史之乱，攻占长安和洛阳。

⑤脔：切成小片的肉。

⑥阴污：被阴谋诬陷。

　　唐贞元中，万年县捕贼官李公，春月与所知街西官亭子置
鲙。一客偶至，淹然不去，气色甚傲。众问所能，曰："某善知
人食料。"李公曰："且看今日鲙，坐中有人不得吃者否？"客微笑
曰："唯足下不得吃。"李公怒曰："某为主人，故置此鲙，安有不
得吃之理？此事若中，奉五千，若是妄语，当遭契阔①。请坐中
为证，因促吃。将就，有一人走马来云："京兆尹召。"李公奔马
去，适会有公事，李公惧晚，使报诸客但餐，恐鲙不可停。语
庖人："但留我两碟。"欲破术人之言。诸客甚讶。良久，走马来，
诸人已餐毕，独所留鲙在焉。李公脱衫就座，执箸而骂。术士
颜色不动，曰："某所见不错，未知何故？"李公曰："鲙见在此，
尚敢大言。前约已定，安知某不能忽酬酢……"言未了，官亭子
仰泥土壤，方数尺，堕落，食器粉碎，鲙并杂于粪埃。李公惊
异，问厨者更有鲙否？曰："尽矣。"乃厚谢术士，以钱五千与之。
（《逸史》）

【注释】

　　①契阔：这里指赶走。

宰相堂饭①，常人多不敢食。郑延昌在相位②，一日，本厅欲食次，其弟延济来，遂与之同食。延济手秉饧饦③，餐及数口，碗自手中坠地。遂中风痹④，一夕而卒。(《中朝故事》⑤)

【注释】

①堂饭：宰相在政事堂吃的工作餐。

②郑延昌：晚唐宰相。

③饧饦：糖饼。

④风痹：因风寒湿侵袭而引起的肢节疼痛或麻木的病症。

⑤《中朝故事》：作者是五代十国时期的尉迟偓。中朝，指长安。该书记录唐朝宣宗、懿宗、昭宗、哀帝四朝的朝廷制度与神怪传说等事。

张文瓘少时①，曾有人相云："当为相，然不得堂饭食吃②。"及在此位，每升堂欲食，即腹胀痛，每日唯吃一碗浆水粥。后数年，因犯堂食一顿，其夜便卒。(《定命录》③)

【注释】

①张文瓘：唐高宗年间官至宰相，参知政事、同三品，累迁侍中。

②堂食：唐代宰相们有一起在办公厅吃工作餐的惯例，称为堂食。

③《定命录》：唐朝末年小说集，吕道生撰。此外还有续书《续定命录》。

太府卿崔公名洁在长安^①，与进士陈彤同往衙西寻亲故。陈君有他见知^②，崔公不信。将出，陈君曰："当与足下于裴令公亭飧鲙。"崔公不信之，笑不应。过天门街，偶逢卖鱼甚鲜。崔公都忘陈君之言，曰："此去亦是闲人事，何如吃鲙？"遂令从者取钱买鱼，得十斤。曰："何处去得？"左右曰："裴令公亭子甚近。"乃先遣人计会，及升亭下马，方悟陈君之说，崔公大惊曰："何处得人斫鲙？"陈君曰："但假刀砧之类。当有第一部乐人来。"俄顷，紫衣三四人，至亭子游看。一人见鱼曰："极是珍鲜，二君莫欲作鲙否？某善此艺，与郎君设手。"诘之，乃梨园第一部乐徒也^③。余者悉去，此人遂解衣操刀，极能敏妙。鲙将办，陈君曰："此鲙与崔兄飧，紫衣不得鲙也。"既毕，忽有使人呼曰："驾幸龙首池，唤第一部音声。"切者携衫带，望门而走，亦不暇言别。崔公甚叹异之。两人既飧，陈君又曰："少顷，有东南三千里外九品官来此，得半碗清羹吃。"语未讫，延陵县尉李耿至，将赴任，与崔公中外亲旧，探知在裴令公亭子，故来告辞。方吃食羹次，崔公曰："有脍否？"左右报已尽，只有清羹少许。公大笑曰："令取来，与少府啜。"乃吃清羹半碗而去。延陵尉乃九品官也。食物之微，冥路已定，况大者乎？（《逸史》）

【注释】

　　①太府卿：掌管金帛库藏出纳、关市税收，以供国家、宫廷用度的官员。

②他见知：对别人的事明见明知，并无隔阂。

③梨园：唐代训练乐工的机构。

吴少诚①，贫贱时为官健②，逃去，至上蔡，冻馁，求丐于侪辈③。上蔡县猎师数人，于中山得鹿。本法获巨兽者，先取其腑脏祭山神，祭毕，猎人方欲聚食。忽闻空中有言曰："待吴尚书。"众人惊骇，遂止。良久欲食，又闻曰："尚书即到，何不且住。"逡巡，又一人是脚力，携小袄过，见猎者，揖而坐。问之姓吴，众皆惊。食毕，猎人起贺曰："公即当贵，幸记某等姓名。"具述本末，少诚曰："某辈军健儿，苟免擒获，效一卒之用则足矣，安有富贵之事？"大笑执别而去。后数年为节度使，兼工部尚书。使人求猎者，皆厚以钱帛赏之。(《续定命录》)

【注释】

①吴少诚（750—809）：唐朝时期割据军阀。自领淮西节度使。勤于政事，公正无私，割据称雄，不听朝廷命令，屡次击败朝廷军队。

②官健：士兵。

③侪辈：同辈的人。

靠卖菱芡者结有姻缘

菱角与芡实都是常见的食物，菱角皮脆肉美，蒸煮后剥壳食用，亦可熬粥食。芡实的种子含淀粉，可供食用、酿酒及制副食品用，还可以入药。在唐代传奇当中，有一篇《郑德璘传》，其情节就与菱芡大有关系，郑德璘正是靠着与卖菱芡的老人的关系，才有了自己的一段姻缘。

贞元中，湘潭尉郑德璘，家居长沙。有亲表居江夏，每岁一往省焉。中间涉洞庭，历湘潭，多遇老叟棹舟而鬻菱芡①，虽白发而有少容②。德璘与语，多及玄解。诘曰："舟无糗粮，何以为食？"叟曰："菱芡耳。"德璘好酒，长挈松醪春过江夏③，遇叟无不饮之，叟饮亦不甚璘荷。

德璘抵江夏，将返长沙。驻舟于黄鹤楼下，旁有鹾贾韦生者④，乘巨舟。亦抵于湘潭。其夜与邻舟告别饮酒。韦生有女，居于舟之舵橹。邻女亦来访别。二女同处笑语。夜将半，闻江中有秀才吟诗曰："物触轻舟心自知，风恬浪静月光微。夜深江上解愁思，拾得红蕖香惹衣⑤。"邻舟女善笔札，因睹韦氏妆奁中，有红笺一幅，取而题所闻之句。亦吟哦良久，然莫晓谁人所制也。及时，东西而去。德璘舟与韦氏舟，同离鄂渚信宿。及暮又同宿。

至洞庭之畔，与韦生舟楫，颇以相近。韦氏美而艳，琼英腻云⑥，莲蕊莹波，露濯猗姿⑦，月鲜珠彩。于水窗中垂钓。德璘因窥见之，甚悦。遂以红绡一尺，上题诗曰："纤手垂钓对水窗，红蕖秋色艳长江。既能解佩投交甫，更有明珠乞一双。"强以红绡惹其钩，女因收得。吟玩久之，然虽讽读，即不能晓其义。女不工刀札，又耻无所报，遂以钩丝而投夜来邻舟女所题红笺者。德璘谓女所制，凝思颇悦，喜畅可知。然莫晓诗之意义，亦无计遂其款曲。由是女以所得红绡系臂，自爱惜之。明月清风，韦舟遽张帆而去。风势将紧，波涛恐人。德璘小舟，不敢同越，然意殊恨恨。

将暮，有渔人语德璘曰："向者贾客巨舟，已全家殁于洞庭耳。"德璘大骇。神思恍惚，悲婉久之，不能排抑。将夜，为吊江姝诗二首曰："湖面狂风且莫吹，浪花初绽月光微。沉潜暗想横波泪，得共鲛人相对垂。"又曰："洞庭风软荻花秋，新没青蛾细浪愁。泪滴白苹君不见，月明江上有轻鸥。"诗成，酹而投之。精贯神祇，至诚感应，遂感水神，持诣水府，府君览之，召溺者数辈曰："谁是郑生所爱？"而韦氏亦不能晓其来由。有主者搜臂，见红绡而语府君，曰："德璘异日是吾邑之明宰，况曩有义相及⑧，不可不曲活尔命。"因召主者，携韦氏送郑生。韦氏视府君，乃一老叟也，逐主者疾趋而无所碍。道将尽，睹一大池，碧水汪然，遂为主者推堕其中。或沉或浮，亦甚困苦。时已三更，德璘未寝，但吟红笺之诗，悲而益苦。忽觉有物触舟。然舟人已寝，德璘遂秉炬照之，见衣服彩绣似是人物。惊而拯之，乃韦氏也，系臂红绡尚在。德璘喜骤。良久，女苏息。及晓，方能言。乃说府君感而活我命。德璘曰："府君何人也？"终不省悟遂纳为室，感其异也，将归长沙。

后三年，德璘常调选，欲谋醴陵令。韦氏曰："不过作巴陵耳。"德璘曰："子何以知？"韦氏曰："向者水府君言是吾邑之明宰，洞庭乃属巴陵，此可验矣。"德璘志之。选果得巴陵令。及至巴陵县，使人迎韦氏。舟楫至洞庭侧，值逆风不进。德璘使佣篙工者五人而迎之，内一老叟，挽舟若不为意，韦氏怒而唾之。叟回顾曰："我昔水府活汝性命，不以为德，今反生怒。"韦氏乃悟，恐悸，召叟登舟，拜而进酒果，叩头曰："吾之父母，当在水府，可省觐否？"曰："可。"须臾，舟楫似没于波，然无所若。俄到往时之水府，大小倚舟号恸。访其父母。父母居止俨然，第舍与人世无异。韦氏询其所须，父母曰："所溺之物，皆能至此。但无火化，所食唯菱芡耳。"持白金器数事而遗女曰："吾此无用处，可以赠尔。不得久停。"促其相别。韦氏遂哀恸别其父母。叟以笔大书韦氏巾曰："昔日江头菱芡人，蒙君数饮松醪春。活君家室以为报，珍重长沙郑德璘。"书讫，叟遂为仆侍数百辈，自舟迎归府舍。俄顷，舟却出于湖畔。一舟之人，咸有所睹。德璘详诗意，方悟水府老叟，乃昔日鬻菱芡者。

岁余，有秀才崔希周投诗卷于德璘，内有江上夜拾得芙蓉诗，即韦氏所投德璘红笺诗也。德璘疑诗，乃诘希周。对曰："数年前，泊轻舟于鄂渚，江上月明，时当未寝，有微物触舟，芳馨袭鼻。取而视之，乃一束芙蓉也。因而制诗既成，讽咏良久。"德璘叹曰："命也。"然后不敢越洞庭。德璘官至刺史。

【注释】

①鬻菱芡：卖菱角和芡实。

②少容：面容显得年轻。

③松醪春：唐代一种加松膏酿制的名酒，产地为湘潭、长沙一带。此酒在唐代文献中多有记载。戎昱《送张秀才之长沙》："松醪能醉客，慎勿滞湘潭。"

④醝贾：卖盐的商人。

⑤红蕖：喻指女子的红鞋，一般是宫中之人所穿。

⑥琼英：比喻美女。

⑦蕣姿：身姿犹如蕣花一样美丽。蕣，木槿花。

⑧曩：从前，过去的。

美食里的社会百态

吃醋芹也能劝谏皇帝

　　唐太宗与魏徵是古往今来君臣关系融洽的典范之一，究其原因，一方面是唐太宗宽容大度，始终虚心接受臣子的劝谏；另一方面，也是魏徵忠心为国、胆大细心。不过魏徵不只是胆大，也善于找准各种机会向太宗巧妙进言，下面这个故事就是其中的代表。魏徵借自己爱吃醋芹这件小事，因地制宜，让皇帝有所感悟。这个故事出自《龙城录》，该书主要记述隋唐时期帝王官吏、文人士子、市井人物的逸闻奇事。

　　魏左相忠言谠论^①，共襄万几^②，诚社稷臣。有日退朝，太宗笑谓侍臣曰："此羊鼻公不知遣何好而能动其情^③？"侍臣曰："魏徵嗜醋芹，每食之欣然称快，此见其真态也。"明日召赐食，有醋芹三杯，公见之欣喜翼然，食未竟而芹已尽。太宗笑曰："卿谓无所好，今朕见之矣。"公拜谢曰："君无为故无所好，臣执作

从事，独僻此收敛物。"太宗默而感之，公退，太宗仰睕而三叹之④。(《龙城录》)

【注释】

①魏左相：即魏徵。忠言谠论：出言忠诚，立论正直。

②共襄万几：辅佐皇帝处理天下纷繁的政务。

③羊鼻公：唐太宗对魏徵的戏称。

④仰睕：抬头仰望。

藏馅饼考验人品

唐代出现了一个前所未有的官府禁令——"断屠"，一般每逢天灾或某些特定日期（如皇帝生日、佛教斋日等），由官府出告示禁止宰杀牲畜。凡逢断屠日，民间禁止杀生，也不能吃荤腥，官府也暂停处决犯人。

但有禁令就必然有人违反禁令，武则天时期就有官人违背禁令，被人暗中藏了肉馅饼作为证据告发，但结果却出人意料。

周长寿中①，断屠极切②。左拾遗张德③，妻诞一男，秘宰一口羊宴客。其日，命诸遗补。杜肃私囊一馂肉④，进状告之。

至明日，在朝前，则天谓张德曰："郎妻诞一男，大欢喜。"德拜谢。则天又谓曰："然何处得肉？"德叩头称死罪。则天曰："朕断屠，吉凶不预⑤。卿命客，亦须择交。无赖之人，不须共聚集。"
出肃状示之，肃流汗浃背。举朝唾其面。(《太平广记》)

【注释】

①长寿（692—694）：武则天称帝后的第三个年号。

②断屠：禁止屠宰牲畜。唐代经常断屠，起初断屠是以顺应节令，或在帝王生日时下诏断屠，以长福德。后来佛教兴盛，皇帝经常会在斋月、斋日下诏断屠。

③左拾遗：武则天垂拱元年置左右拾遗分属门下、中书两省，属于谏官。

④私囊一馂肉：暗中揣了一个肉馅饼。

⑤吉凶不预：对于丧事与喜事是不干预的。

浪费粮食暴露本性

我们都熟悉"谁知盘中餐，粒粒皆辛苦"的诗句，古代由于生产力低下，耕种更加不易，因此也就更强调珍惜粮食的重要性。但偏偏有人就不知珍惜，比如下面的故事，一个平民百姓依靠亲属的提携刚有希望当个小官，就开始不珍惜粮食，扔掉了蒸饼的饼皮，不但遭到了斥责，官也当不上了。还有人因丢弃饼而遭到训斥。

郑浣以俭素自居①。尹河南日，有从父昆弟之孙自覃怀来谒者②，力农自赡③，未尝干谒。拜揖甚野，束带亦古。浣子之弟仆御，皆笑其疏质④，而浣独怜之。问其所欲。则曰："某为本邑，以民侍之久矣，思得承乏一尉⑤，乃锦游乡里也。"浣然之。而浣之清誉重德，为时所归。或书于郡守，犹臂之使指也。郑孙将去前一日，召甥侄与之会食。有蒸饼，郑孙去其皮而后食之，浣大嗟怒。谓曰："皮之与中，何以异也？仆尝病浇态讹俗，骄侈自奉，思得以还淳反朴，敦厚风俗。是犹怜子力田弊衣，必能知艰于稼穑，奈何嚣浮甚于五侯家绮纨乳臭儿耶⑥？"因引手请所弃者。郑孙错愕失据，器而奉之。浣尽食之，遂揖归宾阃⑦，赠五缣而遣之⑧。（《阙史》）

【注释】

①郑浣：唐代文学家。曾担任礼部侍郎、兵部侍郎等职，有文集三十卷。

②从父昆弟：祖父的亲兄弟的儿子。

③力农自赡：努力耕种养活自己。

④疏质：粗疏质朴。

⑤承乏：承继暂时无适当人选的职位。尉：县尉，是辅佐县令的官员，掌管治安捕盗之事。

⑥五侯家：这里泛指权贵豪门。

⑦宾阃：客舍，古代家中供客人居住的房间。

⑧缣：双经双纬的粗厚织物的古称。古时多用作赏赠酬谢

之物。

唐英公李勣为司空^①，知政事。有一番官者参选被放，来辞英公。公曰："明朝早，向朝堂见我来。"及期而至，郎中并在傍。番官至辞，英公颦眉谓之曰^②："汝长生不知事尚书侍郎，我老翁不识字，无可教汝，何由可得留，深负愧汝，努力好去。"侍郎等惶惧，遽问其姓名，令南院看榜，须臾引入，注与吏部令史。

英公时为宰相，有乡人尝过宅，为设食，客人裂却饼缘^③。英公曰："君大年少，此饼，犁地两遍熟，鑿下种锄耔^④，收割打扬讫，碨罗作面^⑤，然后为饼。少年裂却缘，是何道？此处犹可，若对至尊前^⑥，公做如此事，参差砍却你头。"客大惭悚。

浮休子曰^⑦：宇文朝^⑧，华州刺史王羆，有客裂饼缘者，羆曰：此饼大用功力，然后入口。公裂之，只是未饥，且擎却。客愕然。又台使致羆食饭，使人割瓜皮大厚，投地。羆就地拾起，以食之，使人极悚息。今轻薄少年裂饼缘，割瓜侵瓤，以为达官儿郎，通人之所不为也。（《朝野佥载》）

【注释】

①李勣（jì）：本名徐世勣、李世勣，字懋功，唐朝初年名将，封英国公，与卫国公李靖并称。司空：唐代的司空为虚衔，地位尊崇但无实权。

②颦眉：皱眉头，表示不快。

③裂却饼缘：将饼的边缘撕下丢弃。

④椠：桔槔上的横木，一端系重物，一端系水桶，可以上下，亦可以转动，用以取物。

⑤碾：用石磨碾成面粉。罗：用筛子筛细面粉。

⑥尊：这里指皇帝。

⑦浮休子：张鷟，道号浮休子，唐代小说家，《朝野金载》的作者。

⑧宇文朝：指南北朝时的北周，皇族姓宇文，故称。

从饮食看纳言为人

从日常生活的一些细节往往能看出一个人的胸襟气度与为人。娄师德作为唐朝的一代名臣，一生坎坷，几上几下，但始终屹立不倒，可谓难得。他的能力与品行则可以从几个细节上窥见一斑。

纳言娄师德①，郑州人，为兵部尚书，使并州，接境诸县令随之。日高至驿，恐人烦扰驿家，令就厅同食。尚书饭白而细，诸人饭黑而粗。呼驿长责之曰："汝何为两种待客？"驿将恐，对曰："邂逅浙米不得，死罪。"尚书曰："卒客无卒主人，亦复何损。"遂换取粗饭食之。

检校营田②，往梁州，先有乡人姓娄者为屯官，犯赃，都督许钦明欲决杀令众。乡人谒尚书，欲救之。尚书曰："犯国法，师德当家儿子，亦不能舍，何况渠③。"明日宴会，都督与尚书："犯国法俱坐。"尚书曰："闻有一人犯国法，云是师德乡里，师德实不识，但与其父为小儿时共牧牛耳，都督莫以师德宽国家法。"都督遽令脱枷至。尚书切责之曰："汝辞父娘，求觅官职，不能谨洁，知复奈何。"将一碟堆饼与之曰："噇却④，作个饱死鬼去！"都督从此舍之。

后为纳言平章事⑤。父检校屯田，行有日矣，谘执事早出，娄先足疾，待马未来，于光政门外横木上坐。须臾，有一县令，不知其纳言也，因诉身名，遂与之并坐。令有一丁，远觇之⑥，走告曰："纳言也。"令大惊，起曰："死罪。"纳言曰："人有不相识，法有何死罪。"令因诉云："有左氎，以其年老眼暗奏解，某夜书表状亦得，眼实不暗。"纳言曰："道是夜书表状，何故白日里不识宰相。"令大惭曰："愿纳言莫说向宰相。纳言南无佛不说。公左右皆笑。

使至灵州，果驿上食讫，索马，判官谘意家浆水亦索不得⑦，全不只承。纳言曰："师德已上马，与公料理。"往呼驿长责曰："判官与纳言何别？不与供给？索杖来。"驿长惶怖拜伏。纳言曰："我欲打汝一顿，大使打驿将，细碎事，徒涴却名声。若向你州县道，你即不存生命，且放却。"驿将跪拜流汗，狼狈而走。娄目送之，谓判官曰："与公颠顿之矣⑧。"众皆怪叹。其行事皆此类。浮休子曰：司马徽、刘宽⑨，无以加也。(《朝野佥载》)

【注释】

①娄师德：字宗仁，郑州原武（今河南原阳县）人，唐朝宰相、名将。纳言：官名，唐代的纳言即侍中，为门下省长官，掌管出纳王命。

②营田：即"屯田"。唐朝时各道设营田使，州县设营田务，管理营田。

③渠：通"佢"，这里是作为第三人称的代词，他。

④噇却：吃完就退出去吧。噇，无节制地狂吃狂喝。

⑤平章事：即同中书门下平章事。自唐高宗开始，实际担任宰相者，或加以同中书门下平章事的名义，相当于拜相。

⑥觇：在远处偷偷地察看。

⑦判官：娄师德手下的属官。

⑧蹢顿：挫辱。

⑨司马徽：东汉末年名士，为人清高拔俗，学识广博，有知人论世、鉴别人才的能力，受到世人的敬重。刘宽：东汉时期宗室名臣，以博学多才、宽宏大度著称。

热洛河暗示大将要团结

早在原始社会，鹿肉就是上古先民的重要食物之一。《周礼·天官》记载当时王室常吃用带骨鹿肉腌制而成的肉酱"鹿臡"。马王堆汉墓出土的《遗策》记载有鹿炙、鹿脍及用鹿肉做的羹。南北朝时的《齐民要术》记载有脯炙、捣炙、馅炙、羌煮、苞碟、五味脯、度夏白脯、甜脆脯、肉酱、辛成肉酱等多种鹿肉食品。到了唐代，达官显贵对鹿肉也十分喜欢。连唐玄宗为了安抚将领，缓和将领之间的矛盾，都需要用到鹿肉。当时唐朝的三位大将安禄山、哥舒翰、安思顺素来不和，矛盾重重，于是唐玄宗用鹿血与鹿肠做了一道"热洛河"（也作"热洛何"）分赐三人，暗示三人要团结。但三人矛盾终究无法缓和，安禄山起兵造反，玄宗起用年老有病的哥舒翰领兵对抗叛军，哥舒翰战败，被迫投降安禄山，后来被杀。

（哥舒）翰素与安禄山、安思顺不平[1]，帝每欲和解之。会三人俱来朝，帝使骠骑大将军高力士宴城东[2]，翰等皆集。诏尚食生击鹿，取血瀹肠为热洛河以赐之[3]。（《新唐书·哥舒翰传》）

【注释】

①哥舒翰：唐朝名将，封西平郡王。安史之乱时，哥舒翰镇守潼关拒敌半年，却在宰相杨国忠催促下，仓促出战，兵败被俘，被囚于洛阳。后被安禄山之子安庆绪杀害。安禄山：唐朝将领，历任平卢、范阳和河东三镇节度使，封东平郡王。后发动安史之乱，称帝，国号燕。后被其子安庆绪杀害。安思顺：唐朝名将，历任河西节度使、朔方节度使、户部尚书。安史之

乱爆发后，受哥舒翰诬陷，含冤被杀。不平：不和。

②高力士：唐代著名宦官，深得唐玄宗宠信，官至骠骑大将军、开府仪同三司，封齐国公。

③瀹：煮。

厨中所弃不啻万钱

生于富贵、长于富贵的豪门子弟，虽然才华横溢，但也奢侈浪费到了极点，以至于"以鸟羽择米。每食毕，视厨中所委弃，不啻万钱之直"，可见有才华未必就能厉行节俭。而韦陟的个性也使得其为掌权者所猜忌，难得重用，也是我们今天应当引以为戒的。

韦斌虽生于贵门①，而性颇厚质，然其地望素高②，冠冕特盛。虽门风稍奢，而斌立朝侃侃③，容止尊严，有大臣之体。每会朝，未常与同列笑语。旧制，群臣立于殿庭，既而遇雨雪，亦不移步廊下。忽一旦，密雪骤降，自三事以下④，莫不振其簪裾，或更其立位。独斌意色益恭，俄雪甚至膝。朝既罢，斌于雪中拔身而去，见之者咸叹重焉。

斌兄陟，早以文学识度著称于时，善属文，攻草隶书，出入清显，践历崇贵。自以门第才华，坐取卿相，而接物简傲，未常与人款曲⑤。衣服车马，犹尚奢侈。侍儿阉竖，左右常数十人。或隐几搘颐⑥，竟日懒为一言。其子馔羞，尤为精洁，仍以鸟羽择米。每食毕，视厨中所委弃，不啻万钱之直。若宴于公卿，虽水陆具陈，曾不下箸。

每令侍婢主尺牍，往来复章，未常自札，受意而已。词旨重轻，正合陟意，而书体遒利，皆有楷法，陟唯署名。尝自谓所书"陟"字如五朵云，当时人多仿效，谓之郧公五云体⑦。尝以五彩纸为缄题，其侈纵自奉皆此类也。然家法整肃，其子允，课习经史，日加诲励，夜分犹使人视之。若允习读不辍，旦夕问安，颜色必悦。若稍怠惰，即遽使人止之，令立于堂下，或弥旬不与语。陟虽家僮数千人，应门宾客，必遣允为之，寒暑未尝辍也，颇为当时称之。然陟竟以简倨恃才，常为持权者所忌。

【注释】

　　①韦斌：武则天朝宰相韦安石的儿子，因此称为生于贵门。

　　②地望：地位名望。

　　③侃侃：从容刚直。

　　④三事：三公，唐代指太师、太傅、太保。

　　⑤款曲：殷勤应酬。

　　⑥隐几搘颐：倚着几案，用手托着脸颊。

　　⑦郧公：指韦斌的父亲韦安石，封郧国公。

从食不厌精到饥不择食

晚唐时，大唐国力日衰，内忧外患不断，但朝中
权贵的生活却越发奢侈，吃穿用度都讲究到了极点，
甚至到了炭火稍不讲究，烹调出来的食物就难以下咽
的程度。可是到了蒙难之时，简单的一碗糙米饭就让
他们觉得无比美味，这是何等的讽刺。

乾符中①，有李使君出牧罢归②，居在东洛。深感一贵家旧
恩，欲召诸子从容。有敬爱寺僧圣刚者，常所往来。李因以具
宴为说，僧曰："某与为门徒久矣，每观其食，穷极水陆滋味③。
常馔必以炭炊，往往不惬其意。此乃骄逸成性，使君召之可乎？"
李曰："若朱象髓、白猩唇，恐未能致。止于精办小筵，亦未为
难。"于是广求珍异，俾妻孥亲为调鼎④。备陈绮席、雕盘，选
日邀致。弟兄列坐，矜持俨若冰玉。淆羞每至，曾不入口。主
人揖之再三，唯沾果实而已。及至冰餐，俱置一匙于口，各相
眴良久⑤，咸若吃蘗吞针⑥。李莫究其由，但以失饪为谢⑦。

明日复见圣刚，备述诸子情貌。僧曰："前者所说岂谬哉。"
既而造其门问之曰："李使君特备一筵，淆馔可谓丰洁，何不略
领其意？"诸子曰："燔炙煎和未得法。"僧曰："他物从不可食，
炭炊之餐，又嫌何事？"乃曰："上人未知，凡以炭炊馔，先烧令

熟，谓之炼炭，方可入爨⑧，不然犹有烟气。李使君宅炭不经炼，是以难食。"僧拊掌大笑曰："此则非贫道所知也。"

及巢寇陷洛⑨，财产剽掠俱尽。昆仲数人，乃与圣刚同窜。潜伏山谷，不食者至于三日。贼锋稍远，徒步将往河桥。道中小店始开，以脱粟为餐而卖⑩。僧囊中有钱数百，买于土杯同食。腹枵既甚⑪，膏粱之美不如⑫。僧笑而谓之曰："此非炼炭所炊，不知堪与郎君吃否。"皆低头惭见，无复词对。(《剧谈录》)

【注释】

①乾符：唐僖宗李儇的年号（874—879）。

②出牧：出任州府长官。

③水陆滋味：山珍海味。

④调鼎：烹调食物。

⑤睨：斜着眼睛看。

⑥咸若吃蘗吞针：都像是在吃黄蘗和吃针一样。蘗，指黄蘗，又称黄连，味道非常苦涩的植物。

⑦失饪：烹调不得法。

⑧爨：烧火煮饭。

⑨巢寇陷洛：黄巢起义军占领洛阳。

⑩脱粟：糙米。只去壳、没有进行精加工的米。

⑪腹枵：肚子饿。

⑫膏粱之美：泛指各种美味的食物。

宰相吃烂蒸葫芦

　　郑余庆是唐代名臣，与堂叔郑絪曾同朝为相，是当时身份显赫、名望极高的大臣。难能可贵的是他身居高位，却能节俭度日，不奢侈浪费。下面的故事就记录了他在饮食方面的节俭，与其他官员形成了鲜明对比。也正因为这个故事，所以后世才有了"烂蒸葫芦"的典故，表示饭食粗劣，也比喻生活俭朴。

　　郑余庆[1]，清俭有重德。一日，忽召亲朋官数人会食，众皆惊。朝僚以故相望重，皆凌晨诣之。至日高，余庆方出。闲话移时，诸人皆嚣然[2]。余庆呼左右曰："处分厨家[3]，烂蒸去毛，莫拗折项。"诸人相顾，以为必蒸鹅、鸭之类。逡巡[4]，舁台盘出[5]，酱醋亦极香新。良久就餐，每人前下粟米饭一碗、蒸葫芦一枚。相国餐美，诸人强进而罢[6]。（《卢氏杂说》）

【注释】

　　①郑余庆：唐朝宰相，封荥阳郡公。

　　②嚣然：饥饿的样子。

　　③处分：吩咐。

　　④逡巡：很短的时间。

　　⑤舁：共同抬东西。

⑥强进：勉强吃下去。

唐代也有异食癖

异食癖是一种因为各种原因导致患者会持续性地吃一些非营养的物质，如泥土、纸片、污物等。唐代也有着类似的病例，这类食物当然正常人是不会吃的，摘录在这里只是让大家对唐代人们生活的一个特殊侧面有一个了解。

剑南东川节度鲜于叔明好食臭虫①，时人谓之蟠虫。每散，令人采拾得三五升，即浮之微热水中，以抽其气尽。以酥及五味熬之，饼而啖，云其味实佳。(《乾鐉子》)

【注释】

①鲜于叔明：鲜于晋，字叔明，官至太子太傅、蓟国公。

长庆末，前知福建县权长孺犯事流贬。后以故礼部相国德舆之近宗①，遇恩复资。留滞广陵多日，宾府相见，皆鄙之。将诣阙求官，临行，群公饮饯于禅智精舍②。狂士蒋传知长孺有嗜人爪癖③。乃于步健及诸庸保处，薄给酬直，得数两削下爪。或洗濯未精，以纸裹。候其酒酣进曰："侍御远行，无以饯送，今有少佳味，敢献。"遂进长孺。长孺视之，忻然有喜色④，如获

千金之惠，涎流于吻，连撮噉之⑤，神色自得，合座惊异。(《乾馔子》)

【注释】

①礼部相国德舆：权德舆，字载之，唐朝文学家、宰相，当时兼任礼部尚书。近宗：近亲属。权德舆是权长孺的族叔。

②精舍：最初是指儒家讲学的学社，后来也指出家人修炼的场所为精舍。

③嗜人爪癖：有喜欢吃人的指甲的癖好。

④忻然：喜悦的样子。

⑤噉：吃。

贞元中，有一将军家出饭食，每说物无不堪吃，唯在火候，善均五味。尝取败障泥、胡禄①，修理食之②，其味极佳。

【注释】

①障泥：马鞍下用来挡尘土的皮质物品。胡禄：胡人样式的皮革制成的箭袋。

②修理：清洗并烹煮。

有伟量的太师被泼酒

唐代后期宦官专权，很多皇帝都由宦官拥立，兵权也完全掌握在宦官集团之手。宦官田令孜就是其中的代表，一人得道、鸡犬升天，其亲属也纷纷飞黄腾达，陈敬瑄就是其中之一，从一个卖饼的小贩摇身一变成为朝廷重臣，不过难得的是其没有因此而飞扬跋扈，而是有容人之量。但我们也可以从其行为中看出不妥当之处，亲近酒徒，对有过错之人不能按律惩处等，可见晚唐政治的混乱。

　　陈太师敬瑄虽滥升重位①，而颇有伟量。自镇西川日，乃委政事于幕客②，委军旅于护戎③。日食蒸犬一头，酒一壶。一月六设曲宴。即自有平生酒徒五人狎昵④。焦菜一碗，破三十千。常有告设吏偷钱，拂其牒而不省⑤。营妓玉儿者，太师赐之卮酒，拒而不饮，乃误倾泼于太师，污头面，遽起更衣。左右惊忧，立候玉儿为齑粉。更衣出，却坐，又以酒赐之。玉儿请罪，笑而恕之。其宽裕率皆此类。(《北梦琐言》)

【注释】

　　①陈敬瑄：唐朝后期四川藩镇将领，著名宦官田令孜的兄长。出身寒微，以做饼为生。田令孜得势后，累迁左金吾卫大将军，拜剑南西川节度使，后平定西川叛乱，累迁侍中、中书令，封颍川郡王。

　　②幕客：幕僚。

　　③护戎：监察军务的官员。

　　④狎昵：过于亲近而态度不庄重。

⑤牒：官府公文的一种。

农妇酒饭下药智救丈夫

乱世之中，不光要提防贼寇，还要提防作乱的官军，即便是良善之民也难免遭受抢掠，但百姓也并非没法反抗，在酒菜中暗中下药，终于平安脱困。

昭宗为梁主劫迁之后①，岐凤诸州②，备蓄甲兵甚众，恣其劫掠以自给。成州有僻远村墅，巨有积货。主将遣二十余骑夜掠之。既仓卒至，罔敢支吾③。其丈夫并囚缚之，罄搜其货，囊而贮之。然后烹豕犬，遣其妇女羞馔，恣其饮噉，其家尝收莨菪子④，其妇女多取之熬捣，一如辣末⑤。置于食味中，然后饮以浊醪。于时药作，竟于腰下拔剑掘地曰："马入地下去也。"或欲入火投渊，颠而后仆⑥。于是妇女解去良人执缚，徐取骑士剑，一一断其颈而瘗之⑦。其马使人逐官路，棰而尔遣之，罔有知者。后地土改易，方泄其事。（《玉堂闲话》）

【注释】

①昭宗为梁主劫迁：天复三年（903）正月，军阀李茂贞被军阀朱温击败，被迫将唐昭宗交给朱温。朱温带着唐昭宗撤兵，回到长安。

②岐凤诸州：指军阀李茂贞管辖的几个州。李茂贞任凤翔

节度使，封岐王，所以称为岐凤。

③支吾：用话应付搪塞。

④莨菪子：又名"天仙子"，一种中药材，过量服用有很强的毒性。

⑤辣末：有辣味的调味品。

⑥颠而后仆：先是癫狂，随后倒地不起。

⑦瘗：埋葬。

借粮食侵害百姓

历朝历代都有不法官员借各类借口侵害百姓，唐朝也有很多贪官污吏恣意妄为，以粮米制造借口，搜刮民脂民膏。

唐姜师度好奇诡①。为沧州刺史，兼按察，造枪车运粮，开河筑堰，州县鼎沸。于鲁城界内，种稻置屯，穗蟹食尽，又差夫打蟹。苦之，歌曰："鲁地一种稻，一概被水沫。年年索蟹夫，百姓不可活。"

又为陕州刺史，以永丰仓米运将②，别征三钱，计以为费。一夕忽云得计，立注楼，从仓建槽，直至于河，长数千丈。而令放米，其不快处，具大把推之，米皆损耗，多为粉末。兼风激扬，凡一函失米百石，而动即千万数。遣典庚者偿之，家产

皆竭。复遣输户自量,至有偿数十斛者。甚害人,方停之。(《朝野佥载》)

【注释】

①姜师度:唐朝大臣,以善于兴修水利著称。

②永丰仓:隋开皇三年(583)置广通仓于华阴县东北广通渠口,大业初改名为永丰仓。是隋唐两朝京师附近的重要粮仓。